水利水电土石方工程单元工程施工质量验收评定表实例及填表说明

李恒山　王秀梅　等 编著

中国水利水电出版社
www.waterpub.com.cn

内 容 提 要

2012年9月，水利部批准了《水利水电工程单元工程施工质量验收评定标准》（SL 631～637—2012）7项标准为水利行业标准。为推动该标准的执行，进一步帮助广大水利水电工程质量管理人员理解和掌握该标准，松辽水利委员会水利工程建设管理站组织相关专家编写了本书。本书对应《水利水电工程单元工程施工质量验收评定标准——土石方工程》（SL 631—2012），分三部分，共计148个表格。第一部分为土石方工程单元工程施工质量验收评定表，共104个表格，其中样表52个表格，实例52个表格；第二部分为施工质量评定备查表，共39个样表；第三部分为单位、分部工程质量评定通用表，共5个样表。本书具有较强的理论性、实践性和操作性。

本书既可供广大水利水电工程施工单位的质量管理人员参考使用，也可供监理和项目法人单位的施工管理人员参考使用，同时也可作为水利水电工程质量监督、设计人员和高等院校工程质量专业师生的辅助教材。

图书在版编目（CIP）数据

水利水电土石方工程单元工程施工质量验收评定表实例及填表说明 / 李恒山等编著. -- 北京 : 中国水利水电出版社, 2015.4（2018.2重印）
ISBN 978-7-5170-3097-3

Ⅰ. ①水… Ⅱ. ①李… Ⅲ. ①水利水电工程－土方工程－工程质量－工程验收－表格－中国②水利水电工程－石方工程－工程质量－工程验收－表格－中国 Ⅳ. ①TV541

中国版本图书馆CIP数据核字(2015)第078652号

书　　名	**水利水电土石方工程单元工程施工质量验收评定表实例及填表说明**
作　　者	李恒山　王秀梅　等 编著
出版发行	中国水利水电出版社 （北京市海淀区玉渊潭南路1号D座　100038） 网址：www.waterpub.com.cn E-mail：sales@waterpub.com.cn 电话：(010) 68367658（营销中心）
经　　售	北京科水图书销售中心（零售） 电话：(010) 88383994、63202643、68545874 全国各地新华书店和相关出版物销售网点
排　　版	中国水利水电出版社微机排版中心
印　　刷	北京瑞斯通印务发展有限公司
规　　格	184mm×260mm　16开本　15.25印张　362千字
版　　次	2015年4月第1版　2018年2月第3次印刷
印　　数	4501—6500册
定　　价	**46.00**元

编 写 人 员 名 单

主　　编：李恒山　王秀梅

副 主 编：彭立前　郭　海

编写人员：刘鹏刚　曹福君　杨　微　张全喜

吴希华　纪宝贵　邹红烨　国书龙

于生清　田胜龙　孙建明　巩维屏

韩建鹏　李留安　张继真　苗立峰

张艳海　王艳芳　林运东

前　言

为进一步加强水利水电工程施工质量管理，统一单元工程施工质量验收评定标准，规范工程质量评定工作，水利部于2012年9月以〔2012〕第57号公告发布了《水利水电工程单元工程施工质量验收评定标准》（SL 631～637—2012）（以下简称《新标准》），包括土石方工程、混凝土工程、地基处理与基础工程、堤防工程、水工金属结构安装工程、水轮发电机组安装工程、水力机械辅助设备系统安装工程，自2012年12月开始实施。《新标准》替代了原《水利水电基本建设工程单元工程质量等级评定标准（试行）》（SDJ 249.1～6—88）和《水利水电基本建设工程单元工程质量等级评定标准（七）——碾压式土石坝和浆砌石坝》（SL 38—92）、《堤防工程施工质量评定与验收规程（试行）》（SL 239—1999）。

自《新标准》实施以来，部分省（自治区、直辖市）根据《新标准》的要求，并结合工程实际情况，编写了水利水电工程施工质量评定表及填表说明。松辽水利委员会水利工程建设管理站为推动《新标准》的贯彻落实，提升质量管理人员对《新标准》的理解和执行，组织辽宁省、吉林省、黑龙江省、内蒙古自治区水利工程质量监督中心站，大连市、赤峰市水利工程质量监督站，辽西北工程建设管理局等大型工程参建单位的专家收集整理了不同类型工程的实际案例，编写了《水利水电工程单元工程施工质量验收评定表实例及填表说明》（以下简称《实例及说明》）。《实例及说明》旨在结合实际工程案例，对《新标准》作出了具体的诠释，为工程建设的各参建方和工程质量监督人员提供帮助和指导。

《实例及说明》对应《新标准》（SL 631～637—2012），分为7册。本书为其中之一，全书分为三部分，共计148个表格。第一部分为土石方工程单元工程施工质量验收评定表，共104个表格，其中样表52个表格，实例52个表格；第二部分为施工质量评定备查表，共39个样表；第三部分为单位、分部工程质量评定通用表，共5个样表。在实际工程中，如有《新标准》尚未涉及的单元工程时，其质量标准及评定表格，由项目法人组织监理、设计、施工单位根据设计要求和设备生产厂商的技术说明书，制定施工、安装的质量验收评定标准，并按《新标准》的格式（表头、表身、表尾）制定相应质量验收评定表格，报相应的质量监督机构核备。

由于2014年东北四省（自治区）水利工程数量多、投资大，为了尽快满足工程质量验收评定工作的需要，本书编写时间较短，选用的案例较多，相关资料不足和编者水平有限，书中难免有疏漏之处，案例选择也不尽完善。另外，对于东北地区不常采用的工程类型，本书实例也未采用。读者和工程质量管理人员在使用过程中如发现问题，敬请及时与编者联系，我们将不胜感激。

本书在编写过程中得到了吉林省水利工程质量监督中心站在本书的编写过程中给予的大力支持和帮助，同时也得到了辽宁省、吉林省、黑龙江省、内蒙古自治区水利工程质量监督中心站，大连市、赤峰市水利工程质量监督站，辽西北工程建设管理局等单位的领导和专家的大力协助，在此一并表示感谢。

编者

2014年12月

填表基本要求

《水利水电土石方工程单元工程施工质量验收评定表》（以下简称《土石方工程质评表》）是检验与评定施工质量及工程验收的基础资料，也是进行工程维修和事故处理的重要凭证。工程竣工验收后，《土石方工程质评表》将作为档案资料长期保存。因此，必须认真做好《土石方工程质评表》的填写工作。

一、基本要求

单元（工序）工程完工后，应及时评定其质量等级，并按现场检验结果，如实填写《土石方工程质评表》。现场检验应遵守随机取样原则，填写《土石方工程质评表》应遵守以下基本要求。

1. 格式要求

（1）表格原则上左、右边距各2cm，装订线1cm，装订线在左，上边距2.54cm，下边距2.5cm；如表格文字太多可适当调整。表内文字上下居中，超过一行的文字左对齐。

（2）工程名称为宋体小四号字，表名为宋体四号字。表内原有文字采用宋体五号字，如字数过多最小可采用小五号字。其中，阿拉伯数字、单位、百分号采用Times New Roman字体，五号字。

（3）表内标点符号、括号、"—"等用全角；"±"采用Word插入特殊数学符号。

（4）《土石方工程质评表》与备查资料的制备规格纸张采用国际标准A4（210mm×297mm）纸。

（5）《土石方工程质评表》一式四份，签字、复印后盖章，原件单独装订。

2. 填表文字

（1）填表文字应使用国家正式公布的简化汉字，不得使用繁体字。

（2）可使用计算机或蓝色（黑色）墨水笔填写，不得使用圆珠笔、铅笔填写。

计算机输入字体采用楷体-GB 2312、五号、加黑，如字数过多最小可采用小五号字；钢笔填写应按国务院颁布的简化汉字书写，字迹应工整、清晰。

（3）检查（检测）记录可以使用蓝黑色或黑色墨水钢笔手写，字迹应工整、清晰；也可以使用打印机打印，输入内容的字体应与表格固有字体不同，以示区别，字号相同或相近，匀称为宜。

3. 数字和单位

（1）数字使用阿拉伯数字（1，2，3，…，9，0），计算数值要符合《数值修约规则与极限数值的表示和判定》（GB/T 8170）的要求，使用法定计量单位及其符号，数据与数据之间用顿号（、）隔开，小数点要用圆下角点（.）。

（2）单位使用国家法定计量单位，并以规定的符号表示（如：MPa、m、m^3、t、……）。

4. 合格率

用百分数表示，小数点后保留一位，如果恰为整数，除100%外，则小数点后以0表示，例如：95.0%。

5. 改错

将错误用斜线划掉，再在其右上方填写正确的文字（或数据），禁止使用涂改液、贴纸重写、橡皮擦、刀片刮或用墨水涂黑等方法。

6. 表头填写要求

（1）名称填写要求。单位工程、分部工程名称，按质量监督机构对本工程项目划分确认的名称填写。如果本工程仅为一个单位工程时，单位工程名称应与设计批复名称一致。如果一个单位工程涉及多个相同分部工程名称时，分部工程名称还应附加标注分部工程编号，以便查找。

单元工程名称，应与质量监督机构备案的名称一致。单元工程名称应与工程量清单中项目名称对应，单元工程部位可用桩号、高程、到轴线（中心线）距离表示，原则是使该单元工程从空间（三维）上受控，必要时附图示意。

（2）工程量填写要求。"单元工程量"填写单元工程主要工程量。对于划分工序的单元工程，应同时填写单元工程的主要工程量和工序工程量。

（3）施工单位名称填写要求。施工单位名称应填写与项目法人或建设单位签订承包合同的法人单位全称（即与资质证书单位名称一致）。

（4）施工日期。施工日期应填写单元工程或工序从开始施工至本单元工程或工序完成的实际日期。

检验（评定）日期：年——填写4位数，年份不得简写；月——填写实际月份（1—12月）；日——填写实际日期（1—31日）。

7. 表身填写要求

（1）划分工序施工质量验收评定表与不划分工序的单元工程施工质量验收评定表。划分工序施工质量验收评定表与不划分工序的单元工程施工质量验收评定表表身基本一致。表身项次均包括主控项目和一般项目，其主控项目和一般项目的质量标准应符合《水利水电工程单元工程施工质量验收评定标准——土石方工程》（SL 631—2012）的要求，在每个单元工程及工序填表说明中另行说明。主控项目和一般项目均包含检验项目、质量标准、检查（检测）记录、合格数及合格率。

1）检验项目和质量标准。检验项目和质量标准应符合SL 631—2012所列内容。对于SL 631—2012未涉及的单元工程，在自编单元工程施工质量验收评定表中，应参考SL 631—2012及设计要求列项。

凡检验项目的"质量标准"栏中为"符合设计要求"者，应填写出设计要求的具体设计指标，检查项目应注明设计要求的具体内容，如内容较多可简要说明；凡检验项目的"质量标准"栏中为"符合规范要求"者，应填写出所执行的规范名称和编号、条款。"质量标准"栏中的"设计要求"，包括设计单位的设计文件，也包括经监理批准的施工方案。

对于"质量标准"中只有定性描述的检验项目，则检查（检测）结果记录中也作定性描述，"合格数"栏不填写内容，在"合格率"栏填写"100%"。

2）检查（检测）记录。检查（检测）记录应真实、准确，检查（检测）结果中的数据为终检数据。

设计值按施工图纸填写。对于设计值不是一个数值时，应填写设计值范围。

检查（检测）结果可以是实测值，也可以是偏差值。实测值填写实际检测数据，而不是偏差值。当实测数据多时，可填写实测组数、实测值范围（最小值～最大值）、合格数，实测值应作附件备查。填写偏差值时必须附实测记录。

检查记录是文字性描述的，在检查记录中应客观反映工程实际情况，描写真实、准确、简练。如质量标准是"符合设计要求"，在检验记录中应填写满足设计的具体要求；如质量标准是"符合规范要求"，在检验记录中应填写规范代号及满足规范的主要指标值。

质量标准中，凡有"符合设计要求"者，应注明设计具体要求（如内容较多，可附页说明）、凡有"符合规范要求"者，应标出所执行的规范名称、编号及颁布日期。

（2）《土石方工程质评表》中列出的某些项目，如本工程无该项内容，应在相应检验栏内用一字线"—"表示。

8. 表尾填写要求

（1）施工单位自评意见。工序或不划分工序的单元工程：主控项目检测结果全部符合标准（对于有其他特殊要求的检测项目，例如压实度等），可以出现不合格点，其他检测项目均应达到SL 631—2012标准要求。

一般项目逐项检验点的合格率均达到90%（或70%）及以上，且不合格点不集中分布。

划分工序单元工程：各工序施工质量全部合格，其中优良工序达到50%及以上（或小于50%），且主要工序应达到优良（或合格）等级。单元工程施工质量等级评定为优良（或合格）。

（2）监理单位复核意见。《土石方工程质评表》从表头至评定意见栏均由施工单位经"三检"合格后填写，"质量等级"栏由复核质量的监理工程师填写。监理工程师复核质量等级时，如对施工单位填写的质量检验资料有不同意见，可写入"质量等级"栏内或另附页说明，并在质量等级栏内填写核定的等级。

1）工序：经复核，主控项目检测点全部符合标准，一般项目逐项检验点的合格率达到90%（或70%）及以上，且不合格点不集中分布。工序施工质量等级复核为优良（或合格）。

2）划分工序单元工程：经抽查并查验相关检验报告和检验资料，各工序施工质量全部合格，其中优良工序小于50%（或大于50%及以上），且主要工序达到合格（或优良）等级。单元工程施工质量等级复核为合格（或优良）。

3）不划分工序单元工程：经抽检并查验相关检验报告和检验资料，主控项目检验点全部符合标准，一般项目逐项检验点的合格率达到90%（或70%）及以上，且不合格点不集中分布。单元工程施工质量等级复核为优良（或合格）。

（3）签字、加盖公章。施工单位自评意见的签字人员必须是具有合法的水利工程质检员资格的人员，且由本人按照身份证上的姓名签字。监理单位复核意见的签字人员必须是在工程建设现场，直接对施工单位的施工过程履行监理职责的具有水利工程监理工程师注册证书的人员，同时必须由本人按照身份证上的姓名签字。

加盖的公章必须是经中标企业以文件形式报项目法人认可的现场施工和现场监理单位的印章。

（4）自评、复核意见及评定时间。施工单位自评意见时间，应填写该工序或单元工程施工终检完成时间。对于有试验结果要求的工序或单元工程，评定时间应为取得试验结果后的日期。施工单位栏自评意见及日期可以直接打印，监理单位栏复核意见及日期必须执笔填写。

二、注意事项

（1）本书的所有表格适用于大中型水利水电工程的土石方工程的单元工程施工质量验收评定，小型水利水电工程可参照执行。

（2）本书各单元工程质量检查表中引用的标准有《水利水电工程施工质量检验与评定规程》（SL 176—2007）、《水利水电工程单元工程施工质量验收评定标准——土石方工程》（SL 631—2012）、《水利水电工程单元工程施工质量验收评定标准——混凝土工程》（SL 632—2012）。

（3）划分工序的单元工程，其施工质量验收评定在工序质量验收评定合格和施工项目实体质量检验合格的基础上进行。不划分工序的单元工程，其施工质量验收评定在单元工程中所包含的检验项目检验合格和施工项目实体质量检验合格的基础上进行。

（4）工序施工质量具备下述条件后进行验收评定：①工序中所有施工项目（或施工内容）已完成，现场具备验收条件；②工序中所包含的施工质量检验项目经施工单位自检全部合格。

（5）工序施工质量按下述程序进行验收评定：①施工单位首先对已经完成的工序施工质量按 SL 631—2012 标准进行自检，并做好检验记录；②自检合格后，填写工序施工质量验收评定表，质量责任人履行相应签认手续后，向监理单位申请复核；③监理单位收到申请后，在 4h 内进行复核。

（6）监理工程师复核工序施工质量包括以下内容：①核查施工单位报验资料是否真实、齐全；结合平行检测和跟踪检测结果等，复核工序施工质量检验项目是否符合 SL 631—2012 标准的要求；②在工序施工质量验收评定表中填写复核记录，并签署工序施工质量评定意见，核定工序施工质量等级，相关责任人履行相应签认手续。

（7）单元工程施工质量具备下述条件后验收评定：①单元工程所含工序（或所有施工项目）已完成，施工现场具备验收的条件；②已完工序施工质量经验收评定全部合格，有关质量缺陷已处理完毕或有监理单位批准的处理意见。

（8）单元工程施工质量按下述程序进行验收评定：①施工单位首先对已经完成的单元工程施工质量进行自检，并填写检验记录；②自检合格后，填写单元工程施工质量验收评定表，向监理单位申请复核；③监理单位收到申报后，在 8h 内进行复核。

（9）监理工程师复核单元工程施工质量包括下述内容：①核查施工单位报验资料是否真实、齐全；②对照施工图纸及施工技术要求，结合平行检测和跟踪检测结果等，复核单元工程质量是否达到 SL 631—2012 标准的要求；③检查已完成单元工程遗留问题的处理情况，在单元工程施工质量验收评定表中填写复核记录，并签署单元工程施工质量评定意见，核定单元工程施工质量等级，相关责任人履行相应签认手续；④对验收中发现的问题提出处理意见。

（10）在“工序施工质量验收评定表”和“不含工序的单元工程施工质量验收评定表”的“施工单位自评意见”和“监理单位复核意见”中，若一般项目逐项检验点的合格率最小值小于90%（同时大于等于70%）时，则后面的合格率空格处填写70%；若一般项目逐项检验点的合格率最小值大于或等于90%时，则后面的合格率空格处填写90%。

（11）对重要隐蔽单元工程和关键部位单元工程的施工质量验收评定应有设计、建设等单位的代表签字，具体要求应满足SL 176—2007的规定。

目　录

第一部分

土石方工程单元工程施工质量验收评定表

____________工程

表 1　　土方开挖单元工程施工质量验收评定表（样表）

<table>
<tr><td>单位工程名称</td><td colspan="2"></td><td>单元工程量</td><td></td></tr>
<tr><td>分部工程名称</td><td colspan="2"></td><td>施工单位</td><td></td></tr>
<tr><td>单元工程名称、部位</td><td colspan="2"></td><td>施工日期</td><td>年　月　日—　年　月　日</td></tr>
<tr><td>项次</td><td>工序名称（或编号）</td><td colspan="3">工序质量验收评定等级</td></tr>
<tr><td>1</td><td>表土及土质岸坡清理</td><td colspan="3"></td></tr>
<tr><td>2</td><td>△软基或土质岸坡开挖</td><td colspan="3"></td></tr>
<tr><td></td><td></td><td colspan="3"></td></tr>
<tr><td></td><td></td><td colspan="3"></td></tr>
<tr><td>施工单位
自评意见</td><td colspan="4">各工序施工质量全部合格，其中优良工序占______%，主要工序达到______等级。各项报验资料______SL 631 标准要求。
单元工程质量等级评定为：______
质检员：　　（签字，加盖公章）
年　月　日</td></tr>
<tr><td>监理单位
复核意见</td><td colspan="4">经抽检并查验相关检验报告和检验资料，各工序施工质量全部合格，其中优良工序占______%，主要工序达到______等级。各项报验资料______SL 631 标准要求。
单元工程质量等级核定为：______
监理工程师：　　（签字，加盖公章）
年　月　日</td></tr>
<tr><td colspan="5">注：1. 对重要隐蔽单元工程和关键部位单元工程的施工质量验收评定应有设计、建设等单位的代表签字，具体要求应满足 SL 176 的规定。
2. 本表所填“单元工程量”不作为施工单位工程量结算计量的依据。</td></tr>
</table>

×××工程

表1　土方开挖单元工程施工质量验收评定表（实例）

单位工程名称	渠首水闸工程	单元工程量	$450m^3$
分部工程名称	地基开挖与处理	施工单位	×××省水利水电工程局
单元工程名称、部位	基坑土方开挖 (桩号0+115～0+145)	施工日期	2013年5月10—20日

项次	工序名称（或编号）	工序质量验收评定等级
1	表土及土质岸坡清理	合格
2	△软基或土质岸坡开挖	优良
施工单位自评意见	各工序施工质量全部合格，其中优良工序占 50 %，主要工序达到 优良 等级。各项报验资料 符合 SL 631标准要求。 单元工程质量等级评定为： 优良 质检员：×××（签字，加盖公章） 2013年5月21日	
监理单位复核意见	经抽检并查验相关检验报告和检验资料，各工序施工质量全部合格，其中优良工序占 50 %，主要工序达到 优良 等级。各项报验资料 符合 SL 631标准要求。 单元工程质量等级核定为： 优良 监理工程师：×××（签字，加盖公章） ××××年××月××日	

注：1. 对重要隐蔽单元工程和关键部位单元工程的施工质量验收评定应有设计、建设等单位的代表签字，具体要求应满足SL 176的规定。
2. 本表所填“单元工程量”不作为施工单位工程量结算计量的依据。

表1 土方开挖单元工程施工质量验收评定表

填 表 说 明

填表时必须遵守“填表基本要求”，并符合下列要求。

1. 本填表说明适用于土方开挖单元工程施工质量验收评定表的填写。

2. 土方开挖单元工程包括表土及土质岸坡清理、软基或土质岸坡开挖2个工序。其中软基或土质岸坡开挖为主要工序，用△标注。本表是在表1.1、表1.2工序施工质量验收评定合格的基础上进行。

3. 单元工程量：填写本单元工程土方开挖工程量（m^3），为表土及土质岸坡清理、软基或土质岸坡开挖2个工序工程量之和。若本单元工程为大型水利工程土方开挖而划分为多个单元工程时，表土及土质岸坡清理、软基或土质岸坡开挖2个工序工程量应相互对应。若表土及土质岸坡清理工序工程量清单中以m^2计时，单元工程土方开挖工程量应填写m^3和m^2。

4. 单元工程质量要求。

（1）合格等级标准。

1）各工序施工质量验收评定应全部合格。

2）各项报验资料应符合SL 631要求。

（2）优良等级标准。

1）各工序施工质量验收评定应全部合格，其中优良工序应达到50%及以上，主要工序应达到优良等级。

2）各项报验资料应符合SL 631的要求。

5. 土方开挖单元工程施工质量验收评定表应包括下列资料。

（1）表土及土质岸坡清理工序施工质量评定验收表，各项检验项目检验记录资料。

（2）软基或土质岸坡开挖工序施工质量评定验收表，各项检验项目检验记录资料及实体检验项目检验记录资料。

（3）监理单位表土及土质岸坡清理工序以及软基或土质岸坡开挖工序各检验项目平行检测资料。

6. 若本土方开挖单元工程在项目划分时确定为重要隐蔽（关键部位）单元工程时，应按《水利水电工程施工检验与评定规程》（SL 176—2007）要求，另外需填写该规程附录1“重要隐蔽单元工程（关键部位单元工程）质量等级签证表”，且提交此表附件资料。

________工程

表 1.1　表土及土质岸坡清理工序施工质量验收评定表（样表）

单位工程名称				工序编号			
分部工程名称				施工单位			
单元工程名称、部位				施工日期	年　月　日—　年　月　日		
项次		检验项目		质量要求	检查（检测）记录	合格数	合格率/%
主控项目	1	表土清理		树木、草皮、树根、乱石、坟墓以及各种建筑物全部清除；水井、泉眼、地道、坑窖等洞穴的处理符合设计要求			
	2	不良土质的处理		淤泥、腐殖质土、泥炭土全部清除；对风化岩石、坡积物、残积物、滑坡体、粉土、细砂等处理符合设计要求			
	3	地质坑、孔处理		构筑物基础区范围内的地质探孔、竖井、试坑的处理符合设计要求；回填材料质量满足设计要求			
一般项目	1	清理范围	人工施工	满足设计要求，长、宽边线允许偏差 0～+50cm			
			√机械施工	设计边线 30.0m×15.0m，清理范围 30.5m×15.5m，长、宽边线允许偏差 0～+100cm			
	2	土质岸边坡度		不陡于设计边坡（1∶2.5）			
施工单位自评意见	主控项目检验结果全部符合合格质量标准，一般项目逐项检验点的合格率均大于或等于________%，且不合格点不集中分布。各项报验资料________SL 631 标准要求。 工序质量等级评定为：________ 质检员：　　　（签字，加盖公章） 年　月　日						
监理单位复核意见	经复核，主控项目检验结果全部符合合格质量标准，一般项目逐项检验点的合格率均大于或等于________%，且不合格点不集中分布。各项报验资料________SL 631 标准要求。 工序质量等级核定为：________ 监理工程师：　　　（签字，加盖公章） 年　月　日						

×××　工程

表1.1　表土及土质岸坡清理工序施工质量验收评定表（实例）

<table>
<tr><td colspan="3">单位工程名称</td><td>**渠首水闸工程**</td><td>工序编号</td><td colspan="2">—</td></tr>
<tr><td colspan="3">分部工程名称</td><td>**地基开挖与处理**</td><td>施工单位</td><td colspan="2">×××省水利水电工程局</td></tr>
<tr><td colspan="3">单元工程名称、部位</td><td>**基坑土方开挖
（桩号0＋115～0＋145）**</td><td>施工日期</td><td colspan="2">**2013年5月10—12日**</td></tr>
<tr><td>项次</td><td colspan="2">检验项目</td><td>质量要求</td><td>检查（检测）记录</td><td>合格数</td><td>合格率/%</td></tr>
<tr><td rowspan="3">主控项目</td><td>1</td><td>表土清理</td><td>树木、草皮、树根、乱石、坟墓以及各种建筑物全部清除；水井、泉眼、地道、坑窖等洞穴的处理符合设计要求</td><td>**树木、树根48株，乱石面积20m² 等已清除**</td><td>—</td><td>**100**</td></tr>
<tr><td>2</td><td>不良土质的处理</td><td>淤泥、腐殖质土、泥炭土全部清除；对风化岩石、坡积物、残积物、滑坡体、粉土、细砂等处理符合设计要求</td><td>**淤泥、腐殖质土、泥炭土按设计要求清除**</td><td>—</td><td>**100**</td></tr>
<tr><td>3</td><td>地质坑、孔处理</td><td>构筑物基础区范围内的地质探孔、竖井、试坑的处理符合设计要求；回填材料质量满足设计要求</td><td>**地质坑在桩号0＋130处，长5m，宽2m，地下采用回填灌浆处理**</td><td>—</td><td>**100**</td></tr>
<tr><td rowspan="3">一般项目</td><td rowspan="2">1</td><td>清理范围　人工施工</td><td>满足设计要求，长、宽边线允许偏差0～＋50cm</td><td>—</td><td>—</td><td>—</td></tr>
<tr><td>清理范围　√机械施工</td><td>设计边线30.0m×15.0m，清理范围30.5m×15.5m，长、宽边线允许偏差0～＋100cm</td><td>**长度：—5m、10m、15m、82m、76m、92m、56m、52m、24m、26m；
宽度：—2m、—5m、12m、8m、6m、15m、17m、7m、17m、20m**</td><td>**17**</td><td>**85.0**</td></tr>
<tr><td>2</td><td>土质岸边坡度</td><td>不陡于设计边坡（1∶2.5）</td><td>**1∶2.52、1∶2.50、1∶2.53、1∶2.49**</td><td>**3**</td><td>**75.0**</td></tr>
<tr><td colspan="2">施工单位自评意见</td><td colspan="5">主控项目检验结果全部符合合格质量标准，一般项目逐项检验点的合格率均大于或等于 **70** %，且不合格点不集中分布。各项报验资料 **符合** SL 631标准要求。
工序质量等级评定为：**合格**
质检员：×××（签字，加盖公章）
2013年**5**月**12**日</td></tr>
<tr><td colspan="2">监理单位复核意见</td><td colspan="5">经复核，主控项目检验结果全部符合合格质量标准，一般项目逐项检验点的合格率均大于或等于 **70** %，且不合格点不集中分布。各项报验资料 **符合** SL 631标准要求。
工序质量等级核定为：**合格**
监理工程师：×××（签字，加盖公章）
××××年××月××日</td></tr>
</table>

表 1.1　表土及土质岸坡清理工序施工质量验收评定表

填 表 说 明

填表时必须遵守“填表基本要求”，并符合下列要求。

1. 本填表说明适用于表土及土质岸坡清理工序施工质量验收评定表的填写。

2. 单位工程、分部工程、单元工程名称及部位填写要与表 1 相同。

3. 工序编号：用于档案计算机管理，实例用“—”表示。

4. 检验（检测）项目的检验（检测）方法及数量和填表说明应按下表执行。

检验项目	检验方法	检验数量	填写说明
表土清理	观察、查阅施工记录	全数检查	应结合工程实际，据实填写达到质量标准及设计标准的具体要求，填写施工单位检验结果
不良土质的处理	观察、查阅施工记录	全数检查	应结合工程实际，据实填写达到质量标准及设计标准的具体要求，填写施工单位检验结果
地质坑、孔处理	观察、查阅施工记录、取样试验等	全数检查	一般工程没有，但不能空白，填表可以用“—”。若单元工程涉及此项内容，首先应填写设计要求，填写处理结果是否达到设计要求
清理范围	全站仪量测	每边线测点不少于 5 个点，且点间距不大于 20m	表中只填写偏差结果。根据施工方法用“√”选择人工或机械，填写时应注意设计结构边线、设计要求清理边线，应考虑本单元工程开挖深度、放坡范围等因素，附清理范围检验表
土质岸边坡度	量测	每 10 延米量测 1 处；高边坡需测定断面，每 20 延米测一个断面	表中直接填写测量成果。对于狭长单元工程的工序按每 10 延米量测 1 处；对高边坡设计范围以外的清理工序，应测量高边坡坡面，附土质岸边坡度检验表

5. 工序质量要求。

（1）合格等级标准。

1）主控项目，检验结果应全部符合 SL 631 的要求。

2）一般项目，逐项应有 70%及以上的检验点合格，且不合格点不应集中。

3）各项报验资料应符合 SL 631 的要求。

（2）优良等级标准。

1）主控项目，检验结果应全部符合 SL 631 的要求。

2）一般项目，逐项应有 90%及以上的检验点合格，且不合格点不应集中。

3）各项报验资料应符合 SL 631 要求。

6. 表土及土质岸坡清理工序施工质量验收评定表应包括下列资料。

（1）施工单位表土及土质岸坡清理工序施工质量验收“三检”记录表。

（2）地质坑、孔处理试验报告。（若有）

（3）检验项目施工单位测量成果表（或图纸）及测量原始记录。

（4）监理单位表土及土质岸坡清理工序施工质量各检验项目平行检测资料。

________________**工程**

表 1.2　软基或土质岸坡开挖工序施工质量验收评定表（样表）

<table>
<tr><td colspan="4">单位工程名称</td><td colspan="2"></td><td>工序编号</td><td colspan="2"></td></tr>
<tr><td colspan="4">分部工程名称</td><td colspan="2"></td><td>施工单位</td><td colspan="2"></td></tr>
<tr><td colspan="4">单元工程名称、部位</td><td colspan="2"></td><td>施工日期</td><td colspan="2">年　月　日—　年　月　日</td></tr>
<tr><td colspan="2">项次</td><td colspan="2">检验项目</td><td colspan="2">质量要求</td><td>检查（检测）记录</td><td>合格数</td><td>合格率/%</td></tr>
<tr><td rowspan="3">主控项目</td><td>1</td><td colspan="2">保护层开挖</td><td colspan="2">保护层开挖方式应符合设计要求，在接近建基面时，宜使用小型机具或人工挖除，不应扰动建基面以下的原地基</td><td></td><td></td><td></td></tr>
<tr><td>2</td><td colspan="2">建基面处理</td><td colspan="2">构筑物软基和土质岸坡开挖面平顺。软基和土质岸坡与土质构筑物接触时，采用斜面连接，无台阶、急剧变坡及反坡</td><td></td><td></td><td></td></tr>
<tr><td>3</td><td colspan="2">渗水处理</td><td colspan="2">构筑物基础区及土质岸坡渗水（含泉眼）妥善引排或封堵，建基面清洁无积水</td><td></td><td></td><td></td></tr>
<tr><td rowspan="8">一般项目</td><td rowspan="8">1</td><td rowspan="8">基坑断面尺寸及开挖面平整度</td><td rowspan="4">无结构要求或无配筋</td><td>长或宽不大于10m</td><td>符合设计要求，允许偏差为 −10～+20cm</td><td></td><td></td><td></td></tr>
<tr><td>长或宽大于10m</td><td>符合设计要求，允许偏差为 −20～+30cm</td><td></td><td></td><td></td></tr>
<tr><td>坑（槽）底部高程</td><td>符合设计要求，允许偏差为 −10～+20cm</td><td></td><td></td><td></td></tr>
<tr><td>垂直或斜面平整度</td><td>符合设计要求，允许偏差为0～+20cm</td><td></td><td></td><td></td></tr>
<tr><td rowspan="4">有结构要求有配筋预埋件</td><td>长或宽不大于10m</td><td>符合设计要求，允许偏差为0～+20cm</td><td></td><td></td><td></td></tr>
<tr><td>长或宽大于10m(30m×10m)</td><td>符合设计要求，允许偏差为0～+30cm</td><td></td><td></td><td></td></tr>
<tr><td>坑(槽)底部高程(50.2m)</td><td>符合设计要求,允许偏差为0～+20cm</td><td></td><td></td><td></td></tr>
<tr><td>斜面平整度</td><td>符合设计要求，允许偏差为0～+15cm</td><td></td><td></td><td></td></tr>
<tr><td colspan="2">施工单位自评意见</td><td colspan="7">主控项目检验结果全部符合合格质量标准，一般项目逐项检验点的合格率均大于或等于____%，且不合格点不集中分布。各项报验资料____SL 631 标准要求。
工序质量等级评定为：____
质检员：　（签字，加盖公章）
年　月　日</td></tr>
<tr><td colspan="2">监理单位复核意见</td><td colspan="7">经复核，主控项目检验结果全部符合合格质量标准，一般项目逐项检验点的合格率均大于或等于____%，且不合格点不集中分布。各项报验资料____SL 631 标准要求。
工序质量等级核定为：____
监理工程师：　（签字，加盖公章）
年　月　日</td></tr>
<tr><td colspan="9">注：“−”表示欠挖。</td></tr>
</table>

×××　　工程

表 1.2　软基或土质岸坡开挖工序施工质量验收评定表（实例）

<table>
<tr><td colspan="4">单位工程名称</td><td>渠首水闸工程</td><td>工序编号</td><td colspan="3">—</td></tr>
<tr><td colspan="4">分部工程名称</td><td>地基开挖与处理</td><td>施工单位</td><td colspan="3">×××省水利水电工程局</td></tr>
<tr><td colspan="4">单元工程名称、部位</td><td>基坑土方开挖
（桩号 0＋115～0＋145）</td><td>施工日期</td><td colspan="3">2013 年 5 月 12—20 日</td></tr>
<tr><td colspan="2">项次</td><td colspan="2">检验项目</td><td colspan="2">质量要求</td><td>检查（检测）记录</td><td>合格数</td><td>合格率/%</td></tr>
<tr><td rowspan="3">主控项目</td><td>1</td><td colspan="2">保护层开挖</td><td colspan="2">保护层开挖方式应符合设计要求，在接近建基面时，宜使用小型机具或人工挖除，不应扰动建基面以下的原地基</td><td>保护层厚度 30cm，采用人工开挖，对原地基无扰动</td><td>—</td><td>100</td></tr>
<tr><td>2</td><td colspan="2">建基面处理</td><td colspan="2">构筑物软基和土质岸坡开挖面平顺。软基和土质岸坡与土质构筑物接触时，采用斜面连接，无台阶、急剧变坡及反坡</td><td>建基面处理采用斜面连接，无台阶、急剧变坡及反坡</td><td>—</td><td>100</td></tr>
<tr><td>3</td><td colspan="2">渗水处理</td><td colspan="2">构筑物基础区及土质岸坡渗水（含泉眼）妥善引排或封堵，建基面清洁无积水</td><td>无渗水点，建基面清洁无积水</td><td>—</td><td>100</td></tr>
<tr><td rowspan="8">一般项目</td><td rowspan="8">1</td><td rowspan="8">基坑断面尺寸及开挖面平整度</td><td rowspan="4">无结构要求或无配筋</td><td>长或宽不大于 10m</td><td>符合设计要求，允许偏差为 －10～＋20cm</td><td>—</td><td>—</td><td>—</td></tr>
<tr><td>长或宽大于 10m</td><td>符合设计要求，允许偏差为 －20～＋30cm</td><td>—</td><td>—</td><td>—</td></tr>
<tr><td>坑（槽）底部高程</td><td>符合设计要求，允许偏差为 －10～＋20cm</td><td>—</td><td>—</td><td>—</td></tr>
<tr><td>垂直或斜面平整度</td><td>符合设计要求，允许偏差为 0～＋20cm</td><td>—</td><td>—</td><td>—</td></tr>
<tr><td rowspan="4">有结构要求有配筋预埋件</td><td>长或宽不大于 10m</td><td>符合设计要求，允许偏差为 0～＋20cm</td><td>—</td><td>—</td><td>—</td></tr>
<tr><td>长或宽大于 10m(30m×10m)</td><td>符合设计要求，允许偏差为 0～＋30cm</td><td>长度:30. 15m、30. 20m、30. 18m、30. 17m、30. 15m、30. 20m、30. 25m、30. 16m、30. 24m、30. 12m</td><td>10</td><td>100</td></tr>
<tr><td>坑（槽）底部高程(50. 2m)</td><td>符合设计要求，允许偏差为 0～＋20cm</td><td>50. 1m、50. 2m、50. 2m、50. 2m、50. 1m、50. 3m、50. 2m、50. 2m、50. 2m、50. 1m</td><td>9</td><td>90. 0</td></tr>
<tr><td>斜面平整度</td><td>符合设计要求，允许偏差为 0～＋15cm</td><td>14cm、7cm、13cm、12cm、9cm、4cm、14cm、2cm、7cm、17cm</td><td>9</td><td>90. 0</td></tr>
<tr><td colspan="2">施工单位自评意见</td><td colspan="7">主控项目检验结果全部符合合格质量标准，一般项目逐项检验点的合格率均大于或等于 <u>90</u> %，且不合格点不集中分布。各项报验资料 <u>符合</u> SL 631 标准要求。
工序质量等级评定为：<u>优良</u>
质检员：×××（签字，加盖公章）
2013 年 5 月 21 日</td></tr>
<tr><td colspan="2">监理单位复核意见</td><td colspan="7">经复核，主控项目检验结果全部符合合格质量标准，一般项目逐项检验点的合格率均大于或等于 <u>90</u> %，且不合格点不集中分布。
工序质量等级核定为：<u>优良</u>
监理工程师：×××（签字，加盖公章）
××××年××月××日</td></tr>
<tr><td colspan="9">注：“—”表示欠挖。</td></tr>
</table>

表 1.2 软基或土质岸坡开挖工序施工质量验收评定表

填 表 说 明

填表时必须遵守“填表基本要求”，并符合下列要求。

1. 本填表说明适用于软基或土质岸坡开挖工序施工质量验收评定表的填写。

2. 单位工程、分部工程、单元工程名称及部位填写要与表 1 相同。

3. 工序编号：用于档案计算机管理，实例用“—”表示。

4. 检验（检测）项目的检验（检测）方法及数量和填表说明应按下表执行。

<table>
<tr><th colspan="2">检验项目</th><th colspan="2">质量要求</th><th>检验方法</th><th>检验数量</th><th>填写说明</th></tr>
<tr><td colspan="2">保护层开挖</td><td colspan="2">保护层开挖方式应符合设计要求，在接近建基面时，宜使用小型机具或人工挖除，不应扰动建基面以下的原地基</td><td rowspan="3">目测观察法、查阅施工记录</td><td>全数检查</td><td>说明保护层开挖是否符合设计要求，开挖过程建基面以下基础是否扰动</td></tr>
<tr><td colspan="2">建基面处理</td><td colspan="2">构筑物软基和土质岸坡开挖面平顺。软基和土质岸坡与土质构筑物接触时，采用斜面连接，无台阶、急剧变坡及反坡</td><td>全数检查</td><td>构筑物软基和土质岸坡开挖面是否平顺、是否存在台阶和反坡现象</td></tr>
<tr><td colspan="2">渗水处理</td><td colspan="2">构筑物基础区及土质岸坡渗水（含泉眼）妥善引排或封堵，建基面清洁无积水</td><td>全数检查</td><td>说明构筑物基础区及土质岸坡是否有渗水（含泉眼），渗水（含泉眼）点是否妥善引排或封堵，建基面清洁无积水</td></tr>
<tr><td rowspan="8">基坑断面尺寸及开挖面平整度</td><td rowspan="4">无结构要求或无配筋</td><td>长或宽不大于 10m</td><td>符合设计要求，允许偏差为－10～＋20cm</td><td>量测</td><td rowspan="8">检测点采用横断面控制，断面间距不大于 20m，各横断面点数间距不大于 2m，局部突出或凹陷部位（面积在 0.5m² 以上者）应增设检测点</td><td rowspan="4">此表中无结构要求或无配筋和有结构要求有配筋预埋件只能选择一个形式填写。可用“—”表示</td></tr>
<tr><td>长或宽大于 10m</td><td>符合设计要求，允许偏差为－20～＋30cm</td><td>量测</td></tr>
<tr><td>坑（槽）底部高程</td><td>符合设计要求，允许偏差为－10～＋20cm</td><td>用水准仪测量</td></tr>
<tr><td>垂直或斜面平整度</td><td>符合设计要求，允许偏差为 0～＋20cm</td><td>量测</td></tr>
<tr><td rowspan="4">有结构要求有配筋预埋件</td><td>长或宽不大于 10m</td><td>符合设计要求，允许偏差为 0～＋20cm</td><td>量测</td><td>填写量测数据，本项与下一项只能选择一项填写</td></tr>
<tr><td>长或宽大于 10m</td><td>符合设计要求，允许偏差为 0～＋30cm</td><td>量测</td><td>填写量测数据，本项与上一项只能选择一项填写</td></tr>
<tr><td>坑（槽）底部高程</td><td>符合设计要求，允许偏差为 0～＋20cm</td><td>用水准仪测量</td><td>填写实测成果，附水准测量检验成果表及原始记录</td></tr>
<tr><td>垂直或斜面平整度</td><td>符合设计要求，允许偏差为 0～＋15cm</td><td>量测</td><td>填写量测成果，附测量检验成果表</td></tr>
</table>

5. 工序质量要求。

（1）合格等级标准。

1）主控项目，检验结果应全部符合 SL 631 的要求。

2）一般项目，逐项应有70%及以上的检验点合格，且不合格点不应集中。

3）各项报验资料应符合 SL 631 的要求。

（2）优良等级标准。

1）主控项目，检验结果应全部符合 SL 631 的要求。

2）一般项目，逐项应有90%及以上的检验点合格，且不合格点不应集中。

3）各项报验资料应符合 SL 631 要求。

6. 软基或土质岸坡开挖工序施工质量验收评定表应包括下列资料。

（1）施工单位软基或土质岸坡开挖工序施工质量验收“三检”记录表。

（2）坑（槽）底部高程检验项目施工单位测量成果表及测量原始记录。

（3）基坑断面开挖尺寸测量成果表及测量原始记录。

（4）监理单位软基或土质岸坡开挖工序施工质量各检验项目平行检测资料。

（5）施工单位软基或土质岸坡开挖工序影像资料。

______________工程

表 2　　岩石岸坡开挖单元工程施工质量验收评定表（样表）

<table>
<tr><td colspan="2">单位工程名称</td><td colspan="2"></td><td>单元工程量</td><td></td></tr>
<tr><td colspan="2">分部工程名称</td><td colspan="2"></td><td>施工单位</td><td></td></tr>
<tr><td colspan="2">单元工程名称、部位</td><td colspan="2"></td><td>施工日期</td><td>年　月　日—　年　月　日</td></tr>
<tr><td>项次</td><td colspan="2">工序名称（或编号）</td><td colspan="3">工序质量验收评定等级</td></tr>
<tr><td>1</td><td colspan="2">△岩石岸坡开挖</td><td colspan="3"></td></tr>
<tr><td>2</td><td colspan="2">岩石岸坡开挖地质缺陷处理</td><td colspan="3"></td></tr>
<tr><td>施工单位自评意见</td><td colspan="5">各工序施工质量全部合格，其中优良工序占_______%，主要工序达到_______等级。各项报验资料_______SL 631 标准要求。
单元工程质量等级评定为：_______
质检员：　　（签字，加盖公章）
年　月　日</td></tr>
<tr><td>监理单位复核意见</td><td colspan="5">经抽检并查验相关检验报告和检验资料，各工序施工质量全部合格，其中优良工序占_______%，主要工序达到_______等级。各项报验资料_______SL 631 标准要求。
单元工程质量等级核定为：_______
监理工程师：　　（签字，加盖公章）
年　月　日</td></tr>
<tr><td colspan="6">注：本表所填“单元工程量”不作为施工单位工程量结算计量的依据。</td></tr>
</table>

×××工程

表 2　　岩石岸坡开挖单元工程施工质量验收评定表（实例）

<table>
<tr><td>单位工程名称</td><td colspan="2">溢洪道工程</td><td>单元工程量</td><td>920m³</td></tr>
<tr><td>分部工程名称</td><td colspan="2">石方开挖</td><td>施工单位</td><td>×××省水利水电工程局</td></tr>
<tr><td>单元工程名称、部位</td><td colspan="2">闸室段岩石岸坡开挖</td><td>施工日期</td><td>2013 年 5 月 20—25 日</td></tr>
<tr><td>项次</td><td colspan="2">工序名称（或编号）</td><td colspan="2">工序质量验收评定等级</td></tr>
<tr><td>1</td><td colspan="2">△岩石岸坡开挖</td><td colspan="2">优良</td></tr>
<tr><td>2</td><td colspan="2">岩石岸坡开挖地质缺陷处理</td><td colspan="2">优良</td></tr>
<tr><td>施工单位
自评意见</td><td colspan="4">各工序施工质量全部合格，其中优良工序占 100 %，主要工序达到 优良 等级。各项报验资料 符合 SL 631 标准要求。
单元工程质量等级评定为： 优良
质检员：×××（签字，加盖公章）
2013 年 5 月 26 日</td></tr>
<tr><td>监理单位
复核意见</td><td colspan="4">经抽检并查验相关检验报告和检验资料，各工序施工质量全部合格，其中优良工序占 100 %，主要工序达到 优良 等级。各项报验资料 符合 SL 631 标准要求。
单元工程质量等级核定为： 优良
监理工程师：×××（签字，加盖公章）
×××年××月××日</td></tr>
<tr><td colspan="5">注：本表所填“单元工程量”不作为施工单位工程量结算计量的依据。</td></tr>
</table>

表2　岩石岸坡开挖单元工程施工质量验收评定表

填　表　说　明

填表时必须遵守"填表基本要求"，并符合下列要求。

1. 本填表说明适用于岩石岸坡开挖单元工程施工质量验收评定表的填写。

2. 单元工程划分：以施工检查验收的区、段划分，每一区、段为一个单元工程。

3. 岩石岸坡开挖单元工程宜分为岩石岸坡开挖、岩石岸坡开挖地质缺陷处理2个工序，其中岩石岸坡开挖工序为主要工序，用△标注。本表是在表2.1、表2.2工序施工质量验收评定合格的基础上进行。

4. 单元工程量：填写本单元工程岩石岸坡开挖工程量（m^3），为岩石岸坡开挖、岩石岸坡开挖地质缺陷处理2个工序工程量之和。

5. 单元工程质量要求。

（1）合格等级标准。

1）各工序施工质量验收评定应全部合格。

2）各项报验资料应符合SL 631的要求。

（2）优良等级标准。

1）各工序施工质量验收评定应全部合格，其中优良工序应达到50%及以上，主要工序应达到优良等级。

2）各项报验资料应符合SL 631要求。

6. 岩石岸坡开挖单元工程施工质量验收评定表应包括下列资料。

（1）岩石岸坡开挖工序施工质量评定验收表，各项检验项目检验记录资料。

（2）岩石岸坡开挖地质缺陷处理工序施工质量评定验收表，各项检验项目检验记录资料。

（3）监理单位岩石岸坡开挖工序和岩石岸坡开挖地质缺陷处理工序施工质量各检验项目平行检测资料。

7. 若本岩石岸坡开挖单元工程在项目划分时确定为重要隐蔽（关键部位）单元工程时，应按《水利水电工程施工检验与评定规程》（SL 176—2007）要求，另外需填写该规程附录1"重要隐蔽单元工程（关键部位单元工程）质量等级签证表"，且提交此表附件资料。

______工程

表 2.1 岩石岸坡开挖工序施工质量验收评定表（样表）

<table>
<tr><td colspan="3">单位工程名称</td><td colspan="2"></td><td>工序编号</td><td colspan="3"></td></tr>
<tr><td colspan="3">分部工程名称</td><td colspan="2"></td><td>施工单位</td><td colspan="3"></td></tr>
<tr><td colspan="3">单元工程名称、部位</td><td colspan="2"></td><td>施工日期</td><td colspan="3">年 月 日— 年 月 日</td></tr>
<tr><td colspan="2">项次</td><td colspan="2">检验项目</td><td>质量要求</td><td colspan="2">检查（检测）记录</td><td>合格数</td><td>合格率/%</td></tr>
<tr><td rowspan="3">主控项目</td><td>1</td><td colspan="2">保护层开挖</td><td>浅孔、密孔、少药量、控制爆破</td><td colspan="2"></td><td></td><td></td></tr>
<tr><td>2</td><td colspan="2">开挖坡面</td><td>稳定且无松动岩块、悬挂体和尖角</td><td colspan="2"></td><td></td><td></td></tr>
<tr><td>3</td><td colspan="2">岩体的完整性</td><td>爆破未损害岩体的完整性，开挖面无明显爆破裂隙，声波降低率小于10%或满足设计要求</td><td colspan="2"></td><td></td><td></td></tr>
<tr><td rowspan="6">一般项目</td><td>1</td><td colspan="2">平均坡度</td><td>开挖坡面不陡于设计坡度，台阶（平台、马道）符合设计要求</td><td colspan="2"></td><td></td><td></td></tr>
<tr><td>2</td><td colspan="2">坡脚高程</td><td>设计坡脚高程允许偏差−20～+20cm</td><td colspan="2"></td><td></td><td></td></tr>
<tr><td>3</td><td colspan="2">坡面局部超欠挖</td><td>允许偏差：欠挖不大于20cm，超挖不大于30cm</td><td colspan="2"></td><td></td><td></td></tr>
<tr><td rowspan="3">4</td><td rowspan="3">炮孔痕迹保存率</td><td>节理裂隙不发育的岩体</td><td>＞80%</td><td colspan="2"></td><td></td><td></td></tr>
<tr><td>节理裂隙发育的岩体</td><td>＞50%</td><td colspan="2"></td><td></td><td></td></tr>
<tr><td>节理裂隙极发育的岩体</td><td>＞20%</td><td colspan="2"></td><td></td><td></td></tr>
<tr><td>施工单位自评意见</td><td colspan="8">主控项目检验结果全部符合合格质量标准，一般项目逐项检验点的合格率均大于或等于______%，且不合格点不集中分布。各项报验资料______SL 631标准要求。
工序质量等级评定为：______
质检员：（签字，加盖公章）
年 月 日</td></tr>
<tr><td>监理单位复核意见</td><td colspan="8">经复核，主控项目检验结果全部符合合格质量标准，一般项目逐项检验点的合格率均大于或等于______%，且不合格点不集中分布。各项报验资料______SL 631标准要求。
工序质量等级核定为：______
监理工程师：（签字，加盖公章）
年 月 日</td></tr>
<tr><td colspan="9">注："+"表示超挖，"−"表示欠挖。</td></tr>
</table>

×××工程

表 2.1 岩石岸坡开挖工序施工质量验收评定表（实例）

单位工程名称		溢洪道工程	工序编号	—		
分部工程名称		石方开挖	施工单位	×××省水利水电工程局		
单元工程名称、部位		闸室段岩石岸坡开挖	施工日期	2013年5月20—22日		
项次		检验项目	质量要求	检查（检测）记录	合格数	合格率/%
主控项目	1	保护层开挖	浅孔、密孔、少药量、控制爆破	保护层厚度2m；爆破实验参数：使用CM-351潜孔钻造孔，孔底部全部到达建基面；主爆孔为垂直孔；$D=76mm$；孔深2m，孔距1.5m，单孔装药量Q为1.8kg	3	100
	2	开挖坡面	稳定且无松动岩块、悬挂体和尖角	坡面稳定，无松动岩块	—	100
	3	岩体的完整性	爆破未损害岩体的完整性，开挖面无明显爆破裂隙，声波降低率小于10%或满足设计要求	爆破后岩体结构完整，开挖面无明显裂隙。围岩振动检测采用地质钻机钻孔声波法进行检测	—	100
一般项目	1	平均坡度	开挖坡面不陡于设计坡度，台阶（平台、马道）符合设计要求(1∶2.0)	1∶2.1、1∶2.0、1∶2.2、1∶2.1、1∶2.0、1∶2.1、1∶2.1	7	100
	2	坡脚高程	设计坡脚高程50.0m，允许偏差−20～+20cm	49.90m、50.2m、49.85m、50.0m、50.0m、50.2m、50.0m、49.8m、49.25m、49.9m	9	90.0
	3	坡面局部超欠挖	允许偏差：欠挖不大于20cm，超挖不大于30cm	−5cm、−27cm、−11cm、−13cm、−2cm、3cm、6cm、7cm、11cm、5cm	9	90.0
	4	炮孔痕迹保存率：节理裂隙不发育的岩体	>80%	—	—	—
		炮孔痕迹保存率：节理裂隙发育的岩体	>50%	65%、72%、58%	3	100
		炮孔痕迹保存率：节理裂隙极发育的岩体	>20%	—	—	—
施工单位自评意见		主控项目检验结果全部符合合格质量标准，一般项目逐项检验点的合格率均大于或等于 90 %，且不合格点不集中分布。各项报验资料 符合 SL 631标准要求。 工序质量等级评定为： 优良 质检员：×××（签字，加盖公章） 2013年5月22日				
监理单位复核意见		经复核，主控项目检验结果全部符合合格质量标准，一般项目逐项检验点的合格率均大于或等于 90 %，且不合格点不集中分布。各项报验资料 符合 SL 631标准要求。 工序质量等级核定为： 优良 监理工程师：×××（签字，加盖公章） ××××年××月××日				
注："+"表示超挖，"−"表示欠挖。						

表 2.1　岩石岸坡开挖工序施工质量验收评定表

填　表　说　明

填表时必须遵守“填表基本要求”，并应符合下列要求。

1. 本填表说明适用于岩石岸坡开挖工序施工质量验收评定表的填写。

2. 单位工程、分部工程、单元工程名称及部位填写要与表 2 相同。

3. 工序编号：用于档案计算机管理，实例用“—”表示。

4. 检验（检测）项目的检验（检测）方法及数量和填表说明应按下表执行。

检验项目	检验方法	检验数量	填写说明
保护层开挖	现场检查、用水准仪测量、查阅施工记录	每个单元抽测 3 处，每处不少于 $10m^2$	应填写保护层厚度，开挖采取的方式，孔深、密孔、药量等
开挖坡面	现场目测检查	全数检查	应填写开挖坡面是否有松动岩块、悬挂体和尖角
岩体的完整性	现场目测检查、声波检测（需要时采用）	符合设计要求	应填写坡面开挖后，岩石结构是否完整，开挖面有无明显的爆破裂隙面
平均坡度	用激光导向仪、坡度尺测量	总检测点数量采用横断面控制，断面间距不大于 10m，各横断面沿坡面斜长方向测点间距不大于 5m，且点数不少于 6 个点；局部突出或凹陷部位（面积在 $0.5m^2$ 以上者）应增设检测点	直接填写结果，附测量检验结果及原始记录
坡脚高程	用水准仪测量		直接填写结果，附测量检验结果及原始记录
坡面局部超欠挖	用激光导向仪测量		直接填写结果，注意欠挖为“－”，超挖为“＋”，附测量检验结果及断面图
炮孔痕迹保存率	现场目测检查		根据设计提供的地质条件，选择其中一项填写

5. 工序质量要求。

（1）合格等级标准。

1）主控项目，检验结果应全部符合 SL 631 的要求。

2）一般项目，逐项应有 70％及以上的检验点合格，且不合格点不应集中。

3）各项报验资料应符合 SL 631 的要求。

（2）优良等级标准。

1）主控项目，检验结果应全部符合 SL 631 的要求。

2）一般项目，逐项应有 90％及以上的检验点合格，且不合格点不应集中。

3）各项报验资料应符合 SL 631 的要求。

6. 岩石岸坡开挖工序施工质量验收评定表应包括下列资料。

（1）施工单位岩石岸坡开挖工序施工质量验收“三检”记录表。

（2）坡脚高程测量成果表及测量原始记录。

（3）监理单位岩石岸坡开挖工序施工质量各检验项目平行检测资料。

________工程

表 2.2 岩石岸坡开挖地质缺陷处理工序施工质量验收评定表（样表）

<table>
<tr><td colspan="3">单位工程名称</td><td colspan="2"></td><td>工序编号</td><td colspan="2"></td></tr>
<tr><td colspan="3">分部工程名称</td><td colspan="2"></td><td>施工单位</td><td colspan="2"></td></tr>
<tr><td colspan="3">单元工程名称、部位</td><td colspan="2"></td><td>施工日期</td><td colspan="2">年 月 日— 年 月 日</td></tr>
<tr><td colspan="2">项次</td><td>检验项目</td><td>质量要求</td><td colspan="2">检查（检测）记录</td><td>合格数</td><td>合格率/%</td></tr>
<tr><td rowspan="4">主控项目</td><td>1</td><td>地质探孔、竖井、平洞、试坑处理</td><td>符合设计单位要求</td><td colspan="2"></td><td></td><td></td></tr>
<tr><td>2</td><td>地质缺陷处理</td><td>节理、裂隙、断层、夹层或构造破碎带的处理符合设计要求</td><td colspan="2"></td><td></td><td></td></tr>
<tr><td>3</td><td>缺陷处理采用材料</td><td>材料质量满足要求</td><td colspan="2"></td><td></td><td></td></tr>
<tr><td>4</td><td>渗水处理</td><td>地基及岸坡的渗水（含泉眼）已引排或封堵，岩面整洁无积水</td><td colspan="2"></td><td></td><td></td></tr>
<tr><td>一般项目</td><td>1</td><td>地质缺陷处理范围</td><td>地质缺陷处理的宽度和深度符合设计要求。地基及岸坡岩石断层、破碎带的沟槽开挖边坡稳定，无反坡，无浮石，节理、裂隙内的充填物冲洗干净</td><td colspan="2"></td><td></td><td></td></tr>
<tr><td colspan="2">施工单位自评意见</td><td colspan="6">主控项目检验结果全部符合合格质量标准，一般项目逐项检验点的合格率均大于或等于______%，且不合格点不集中分布。各项报验资料______SL 631 标准要求。
工序质量等级评定为：______
质检员：（签字，加盖公章）
年 月 日</td></tr>
<tr><td colspan="2">监理单位复核意见</td><td colspan="6">经复核，主控项目检验结果全部符合合格质量标准，一般项目逐项检验点的合格率均大于或等于______%，且不合格点不集中分布。各项报验资料______SL 631 标准要求。
工序质量等级核定为：______
监理工程师：（签字，加盖公章）
年 月 日</td></tr>
</table>

××× 工程

表 2.2 岩石岸坡开挖地质缺陷处理工序施工质量验收评定表（实例）

<table>
<tr><td colspan="2">单位工程名称</td><td colspan="2">溢洪道工程</td><td>工序编号</td><td colspan="2">—</td></tr>
<tr><td colspan="2">分部工程名称</td><td colspan="2">石方开挖</td><td>施工单位</td><td colspan="2">×××省水利水电工程局</td></tr>
<tr><td colspan="2">单元工程名称、部位</td><td colspan="2">闸室段岩石岸坡开挖</td><td>施工日期</td><td colspan="2">2013年5月22—25日</td></tr>
<tr><td colspan="2">项次</td><td>检验项目</td><td>质量要求</td><td>检查（检测）记录</td><td>合格数</td><td>合格率/%</td></tr>
<tr><td rowspan="4">主控项目</td><td>1</td><td>地质探孔、竖井、平洞、试坑处理</td><td>符合设计单位《施工技术要求》3.3.2条要求</td><td>地质探孔（坑、井）已按设计要求处理</td><td>—</td><td>100</td></tr>
<tr><td>2</td><td>地质缺陷处理</td><td>节理、裂隙、断层、夹层或构造破碎带的处理符合设计单位《施工技术要求》4.3.4条要求</td><td>地质缺陷已按要求处理</td><td>—</td><td>100</td></tr>
<tr><td>3</td><td>缺陷处理采用材料</td><td>材料质量满足设计单位《施工技术要求》4.3.6条要求</td><td>灌浆（材料）检测结果合格</td><td>—</td><td>100</td></tr>
<tr><td>4</td><td>渗水处理</td><td>地基及岸坡的渗水（含泉眼）已引排或封堵，岩面整洁无积水</td><td>渗水点已妥善处理，岩面整洁无积水</td><td>—</td><td>100</td></tr>
<tr><td>一般项目</td><td>1</td><td>地质缺陷处理范围（2m×3m）</td><td>地质缺陷处理的宽度和深度符合设计要求。地基及岸坡岩石断层、破碎带的沟槽开挖边坡稳定，无反坡，无浮石，节理、裂隙内的充填物冲洗干净</td><td>检查4个断面，地质缺陷处理的宽度和深度符合设计要求，开挖边坡稳定，裂隙中填充物冲洗干净</td><td>19</td><td>95.0</td></tr>
<tr><td colspan="2">施工单位自评意见</td><td colspan="5">主控项目检验结果全部符合合格质量标准，一般项目逐项检验点的合格率均大于或等于 <u>90</u> %，且不合格点不集中分布。各项报验资料 <u>符合</u> SL 631标准要求。
工序质量等级评定为：<u>优良</u>
质检员：×××（签字，加盖公章）
2013年5月25日</td></tr>
<tr><td colspan="2">监理单位复核意见</td><td colspan="5">经复核，主控项目检验结果全部符合合格质量标准，一般项目逐项检验点的合格率均大于或等于 <u>90</u> %，且不合格点不集中分布。各项报验资料 <u>符合</u> SL 631标准要求。
工序质量等级核定为：<u>优良</u>
监理工程师：×××（签字，加盖公章）
××××年××月××日</td></tr>
</table>

表 2.2　岩石岸坡开挖地质缺陷处理工序施工质量验收评定表

填 表 说 明

填表时必须遵守“填表基本要求”，并应符合下列要求。

1. 本填表说明适用于岩石岸坡开挖地质缺陷处理工序施工质量验收评定表的填写。

2. 单位工程、分部工程、单元工程名称及部位填写要与表 2 相同。

3. 工序编号：用于档案计算机管理，实例用“—”表示。

4. 检验（检测）项目的检验（检测）方法及数量和填表说明应按下表执行。

检验项目	检验方法	检验数量	填写说明
地质探孔、竖井、平洞、试坑处理	观察、量测、查阅施工记录等	全数检查	地质探孔（坑、井）应按设计要求处理，且应符合质量标准
地质缺陷处理			地质缺陷的处理应符合设计要求
缺陷处理采用材料	查阅施工记录、取样试验等	每种材料至少抽验 1 组	灌浆（材料）检测结果均应合格，且满足设计要求
渗水处理	观察、查阅施工记录	全数检查	渗水点应妥善处理，岩面应整洁无积水
地质缺陷处理范围	测量、观察、查阅施工记录	检测点采用横断面或纵断面控制，各断面点数不少于 5 个点，局部突出或凹陷部位（面积在 $0.5m^2$ 以上者）应增设检测点	检查 4 个断面，地质缺陷处理的宽度和深度应符合设计要求，开挖边坡应稳定，裂隙中填充物应冲洗干净

5. 工序质量要求。

(1) 合格等级标准。

1) 主控项目，检验结果应全部符合 SL 631 的要求。

2) 一般项目，逐项应有 70%及以上的检验点合格，且不合格点不应集中。

3) 各项报验资料应符合 SL 631 的要求。

(2) 优良等级标准。

1) 主控项目，检验结果应全部符合 SL 631 的要求。

2) 一般项目，逐项应有 90%及以上的检验点合格，且不合格点不应集中。

3) 各项报验资料应符合 SL 631 的要求。

6. 岩石岸坡开挖地质缺陷处理工序施工质量验收评定表应包括下列资料。

(1) 施工单位岩石岸坡开挖地质缺陷处理工序施工质量验收“三检”记录表。

(2) 监理单位岩石岸坡开挖地质缺陷处理工序施工质量各检验项目平行检测资料。

____________工程

表 3　　岩石地基开挖单元工程施工质量验收评定表（样表）

<table>
<tr><td colspan="2">单位工程名称</td><td></td><td>单元工程量</td><td></td></tr>
<tr><td colspan="2">分部工程名称</td><td></td><td>施工单位</td><td></td></tr>
<tr><td colspan="2">单元工程名称、部位</td><td></td><td>施工日期</td><td>年　月　日—　年　月　日</td></tr>
<tr><td>项次</td><td colspan="2">工序名称</td><td colspan="2">工序施工质量验收评定等级</td></tr>
<tr><td>1</td><td colspan="2">△岩石地基开挖</td><td colspan="2"></td></tr>
<tr><td>2</td><td colspan="2">岩石地基开挖地质缺陷处理</td><td colspan="2"></td></tr>
<tr><td></td><td colspan="2"></td><td colspan="2"></td></tr>
<tr><td></td><td colspan="2"></td><td colspan="2"></td></tr>
<tr><td>施工单位自评意见</td><td colspan="4">各工序施工质量全部合格，其中优良工序占________%，主要工序达到________等级。各项报验资料________SL 631 标准要求。
单元工程质量等级评定为：________
质检员：　　（签字，加盖公章）
年　月　日</td></tr>
<tr><td>监理单位复核意见</td><td colspan="4">经抽检并查验相关检验报告和检验资料，各工序施工质量全部合格，其中优良工序占________%，主要工序达到________等级。各项报验资料________SL 631 标准要求。
单元工程质量等级核定为：________
监理工程师：　　（签字，加盖公章）
年　月　日</td></tr>
<tr><td colspan="5">注：1. 对重要隐蔽单元工程和关键部位单元工程的施工质量验收评定应有设计、建设等单位的代表签字，具体要求应满足 SL 176 的规定。
2. 本表所填“单元工程量”不作为施工单位工程量结算计量的依据。</td></tr>
</table>

××× 工程

表 3　　岩石地基开挖单元工程施工质量验收评定表（实例）

单位工程名称	**拦河坝工程**	单元工程量	**2520m³**
分部工程名称	**地基开挖及处理**	施工单位	**×××省水利水电工程局**
单元工程名称、部位	**5号坝段岩石地基开挖**	施工日期	**2013年5月10日—6月18日**

项次	工序名称	工序施工质量验收评定等级
1	△岩石地基开挖	**优良**
2	岩石地基开挖地质缺陷处理	**合格**
施工单位自评意见	各工序施工质量全部合格，其中优良工序占 **50** %，主要工序达到 **优良** 等级。各项报验资料 **符合** SL 631 标准要求。 单元工程质量等级评定为：**优良** 质检员：×××（签字，加盖公章） **2013** 年 **6** 月 **18** 日	
监理单位复核意见	经抽检并查验相关检验报告和检验资料，各工序施工质量全部合格，其中优良工序占 **50** %，主要工序达到 **优良** 等级。各项报验资料 **符合** SL 631 标准要求。 单元工程质量等级核定为：**优良** 监理工程师：×××（签字，加盖公章） ××××年××月××日	

注：1. 对重要隐蔽单元工程和关键部位单元工程的施工质量验收评定应有设计、建设等单位的代表签字，具体要求应满足 SL 176 的规定。
2. 本表所填"单元工程量"不作为施工单位工程量结算计量的依据。

表3　岩石地基开挖单元工程施工质量验收评定表

填　表　说　明

填表时必须遵守“填表基本要求”，并符合下列要求。

1. 本填表说明适用于岩石地基开挖单元工程施工质量验收评定表的填写。

2. 岩石地基开挖单元工程包括岩石地基开挖、岩石地基开挖地质缺陷处理2个工序。其中岩石地基开挖为主要工序，用△标注。本表是在表3.1、表3.2工序施工质量验收评定合格的基础上进行。

3. 单元工程量：填写本单元工程岩石地基开挖工程量（m^3）。若本单元工程为涉及岩石地基开挖地质缺陷处理工序时，单元工程量中还应填写岩石地基开挖地质缺陷处理工程量。

4. 单元工程质量要求。

（1）合格等级标准。

1）各工序施工质量验收评定应全部合格。

2）各项报验资料应符合SL 631的要求。

（2）优良等级标准。

1）各工序施工质量验收评定应全部合格，其中优良工序应达到50%及以上，主要工序应达到优良等级。

2）各项报验资料应符合SL 631要求。

5. 岩石地基开挖单元工程施工质量验收评定表应包括下列资料。

（1）岩石地基开挖工序施工质量评定验收表，各项检验项目检验记录资料。

（2）岩石地基开挖地质缺陷处理工序施工质量评定验收表，各项检验项目检验记录资料及实体检验项目检验记录资料。

（3）监理单位岩石地基开挖和岩石地基开挖地质缺陷处理2个工序施工质量各检验项目平行检测资料。

6. 若本岩石地基开挖单元工程在项目划分时确定为重要隐蔽（关键部位）单元工程时，应按《水利水电工程施工检验与评定规程》（SL 176—2007）要求，另外需填写该规程附录1“重要隐蔽单元工程（关键部位单元工程）质量等级签证表”，且提交此表附件资料。

________________工程

表 3.1　岩石地基开挖工序施工质量验收评定表（样表）

<table>
<tr><td colspan="4">单位工程名称</td><td colspan="1"></td><td>工序编号</td><td colspan="2"></td></tr>
<tr><td colspan="4">分部工程名称</td><td colspan="1"></td><td>施工单位</td><td colspan="2"></td></tr>
<tr><td colspan="4">单元工程名称、部位</td><td colspan="1"></td><td>施工日期</td><td colspan="2">年　月　日—　年　月　日</td></tr>
<tr><td colspan="2">项次</td><td colspan="2">检验项目</td><td>质量要求</td><td>检查（检测）记录</td><td>合格数</td><td>合格率/%</td></tr>
<tr><td rowspan="4">主控项目</td><td>1</td><td colspan="2">保护层开挖</td><td>浅孔、密孔、小药量、控制爆破</td><td></td><td></td><td></td></tr>
<tr><td>2</td><td colspan="2">建基面处理</td><td>开挖后岩面应满足设计要求，建基面上无松动岩块，表面清洁、无泥垢、油污</td><td></td><td></td><td></td></tr>
<tr><td>3</td><td colspan="2">多组切割的不稳定岩体开挖和不良地质开挖处理</td><td>分割岩体的软弱结构面处理满足岩石地基强度要求</td><td></td><td></td><td></td></tr>
<tr><td>4</td><td colspan="2">岩体的完整性</td><td>爆破未损害岩体的完整性，开挖面无明显爆破裂隙，声波降低率小于10%或满足设计要求</td><td></td><td></td><td></td></tr>
<tr><td rowspan="8">一般项目</td><td rowspan="4">1</td><td rowspan="4">无结构要求或无配筋的基坑断面尺寸及开挖面平整度</td><td>长或宽不大于10m</td><td>符合设计要求，允许偏差为－10～＋20cm</td><td></td><td></td><td></td></tr>
<tr><td>长或宽大于10m</td><td>符合设计要求，允许偏差为－20～＋30cm</td><td></td><td></td><td></td></tr>
<tr><td>坑（槽）底部高程</td><td>符合设计要求，允许偏差为－10～＋20cm</td><td></td><td></td><td></td></tr>
<tr><td>垂直或斜面平整度</td><td>符合设计要求，允许偏差为0～＋20cm</td><td></td><td></td><td></td></tr>
<tr><td rowspan="4">2</td><td rowspan="4">有结构要求或有配筋预埋件的基坑断面尺寸及开挖面平整度</td><td>长或宽不大于10m</td><td>符合设计要求，允许偏差为0～＋10cm</td><td></td><td></td><td></td></tr>
<tr><td>长或宽大于10m</td><td>符合设计要求，允许偏差为0～＋20cm</td><td></td><td></td><td></td></tr>
<tr><td>坑（槽）底部高程</td><td>设计基坑底部高程允许偏差为0～＋20cm</td><td></td><td></td><td></td></tr>
<tr><td>垂直或斜面平整度</td><td>符合设计要求，允许偏差为0～＋15cm</td><td></td><td></td><td></td></tr>
<tr><td>施工单位自评意见</td><td colspan="7">主控项目检验结果全部符合合格质量标准，一般项目逐项检验点的合格率均大于或等于______%，且不合格点不集中分布。各项报验资料______SL 631标准要求。
工序质量等级评定为：______
质检员：（签字，加盖公章）
年　月　日</td></tr>
<tr><td>监理单位复核意见</td><td colspan="7">经复核，主控项目检验结果全部符合合格质量标准，一般项目逐项检验点的合格率均大于或等于______%，且不合格点不集中分布。各项报验资料______SL 631标准要求。
工序质量等级核定为：______
监理工程师：（签字，加盖公章）
年　月　日</td></tr>
<tr><td colspan="8">注：“＋”表示超挖，“－”表示欠挖。</td></tr>
</table>

×××　　工程

表 3.1　　岩石地基开挖工序施工质量验收评定表（实例）

单位工程名称		拦河坝工程		工序编号	—		
分部工程名称		地基开挖及处理		施工单位	×××省水利水电工程局		
单元工程名称、部位		5号坝段岩石地基开挖		施工日期	2013年5月10—28日		
项次		检验项目		质量要求	检查（检测）记录	合格数	合格率/%
主控项目	1	保护层开挖		浅孔、密孔、小药量、控制爆破	保护层厚度2m；爆破实验参数：使用CM-351潜孔钻造孔，孔底部全部到达建基面；主爆孔为垂直孔；$D=76$mm；孔深2m，孔距1.5m，单孔装药量Q为1.8kg	3	100
主控项目	2	建基面处理		开挖后岩面应满足设计要求，建基面上无松动岩块，表面清洁、无泥垢、油污	开挖后岩面满足设计不小于弱风化上限以下0.5m要求，建基面无松动岩块、表面清洁无污物	—	100
主控项目	3	多组切割的不稳定岩体开挖和不良地质开挖处理		分割岩体的软弱结构面处理满足岩石地基强度要求	分割岩体的软弱结构面已按设计要求处理	—	100
主控项目	4	岩体的完整性		爆破未损害岩体的完整性，开挖面无明显爆破裂隙，声波降低率小于10%或满足设计要求	—	—	—
一般项目	1	无结构要求或无配筋的基坑断面尺寸及开挖面平整度	长或宽不大于10m	符合设计要求，允许偏差为－10～＋20cm	—	—	—
一般项目	1		长或宽大于10m	符合设计要求，允许偏差为－20～＋30cm	—	—	—
一般项目	1		坑（槽）底部高程	符合设计要求，允许偏差为－10～＋20cm	—	—	—
一般项目	1		垂直或斜面平整度	符合设计要求，允许偏差为0～＋20cm	—	—	—
一般项目	2	有结构要求或有配筋预埋件的基坑断面尺寸及开挖面平整度	长或宽不大于10m	符合设计要求，允许偏差为0～＋10cm	—	—	—
一般项目	2		长或宽大于10m	符合设计要求，允许偏差为0～＋20cm	19m、12m、2m、13m、10m、15m、22m、12m、19m、10m	9	90.0
一般项目	2		坑（槽）底部高程	设计基坑底部高程50.0m，允许偏差为0～＋20cm	49.89m、49.85m、49.95m、49.88m、49.94m、49.83m、50.15m、50.00m、49.93m、49.98m	9	90.0
一般项目	2		垂直或斜面平整度	符合设计要求，允许偏差为0～＋15cm	7cm、11cm、1cm、5cm、11cm、10cm、1cm、2cm、13cm、17cm	9	90.0
施工单位自评意见		主控项目检验结果全部符合合格质量标准，一般项目逐项检验点的合格率均大于或等于 90 %，且不合格点不集中分布。各项报验资料 符合 SL 631标准要求。 工序质量等级评定为： 优良 质检员：×××（签字，加盖公章） 2013年5月28日					
监理单位复核意见		经复核，主控项目检验结果全部符合合格质量标准，一般项目逐项检验点的合格率均大于或等于 90 %，且不合格点不集中分布。各项报验资料 符合 SL 631标准要求。 工序质量等级核定为： 优良 监理工程师：×××（签字，加盖公章） ××××年××月××日					
注："＋"表示超挖，"－"表示欠挖。							

表 3.1 岩石地基开挖工序施工质量验收评定表

填 表 说 明

填表时必须遵守“填表基本要求”，并符合下列要求。

1. 本填表说明适用于岩石地基开挖工序施工质量验收评定表的填写。

2. 单位工程、分部工程、单元工程名称及部位填写与表 3 相同。

3. 工序编号：用于档案计算机管理，实例用“—”表示。

4. 检验（检测）项目的检验（检测）方法及数量和填表说明应按下表执行。

<table>
<tr><th colspan="3">检验项目</th><th>检验方法</th><th>检验数量</th><th>填写说明</th></tr>
<tr><td colspan="3">保护层开挖</td><td rowspan="3">目测观察法、查阅施工记录</td><td>每个单元抽测 3 处，每处不少于 10m²</td><td>应填写保护层开挖采取的方式是否为浅孔、密孔、少药量、控制爆破</td></tr>
<tr><td colspan="3">建基面处理</td><td rowspan="2">全数检查</td><td>填写建基面处理是否满足设计的具体要求</td></tr>
<tr><td colspan="3">多组切割的不稳定岩体开挖和不良地质开挖处理</td><td>填写不稳定岩体开挖和不良地质开挖处理是否按设计要求处理</td></tr>
<tr><td colspan="3">岩体的完整性</td><td>声波检测（需要时采用）</td><td>全数检查</td><td>根据工程需要决定是否采用岩石地基声波检测，不是岩石地基开挖中必须检测的项目</td></tr>
<tr><td colspan="3">无结构要求或无配筋的基坑断面尺寸及开挖面平整度</td><td></td><td rowspan="5">检测点采用横断面控制，断面间距不大于 20m，各横断面点数间距不大于 2m，局部突出或凹陷部位（面积在 0.5m² 以上者）应增设检测点</td><td>此表中无结构要求或无配筋和有结构要求有配筋预埋件只能选择一个形式填写，可用“—”表示</td></tr>
<tr><td rowspan="4">有结构要求或有配筋预埋件的基坑断面尺寸及开挖面平整度</td><td>长或宽不大于 10m</td><td>符合设计要求，允许偏差为 0～+10cm</td><td>量测</td><td>填写量测数据，本项与下一项只能选择一项填写</td></tr>
<tr><td>长或宽大于 10m</td><td>符合设计要求，允许偏差为 0～+20cm</td><td>量测</td><td>填写量测数据，本项与上一项只能选择一项填写</td></tr>
<tr><td>坑（槽）底部高程</td><td>设计基坑底部高程 50.0m，允许偏差为 0～+20cm</td><td>用水准仪测量</td><td>填写实测成果，附水准测量检验成果表及原始记录</td></tr>
<tr><td>垂直或斜面平整度</td><td>符合设计要求，允许偏差为 0～+15cm</td><td>量测</td><td>填写量测成果，附测量检验成果表</td></tr>
</table>

5. 工序质量要求。

(1) 合格等级标准。

1) 主控项目，检验结果应全部符合 SL 631 的要求。

2) 一般项目，逐项应有 70%及以上的检验点合格，且不合格点不应集中。

3) 各项报验资料应符合 SL 631 的要求。

（2）优良等级标准。

1）主控项目，检验结果应全部符合SL 631的要求。

2）一般项目，逐项应有90%及以上的检验点合格，且不合格点不应集中。

3）各项报验资料应符合SL 631的要求。

6. 岩石地基开挖工序施工质量验收评定表应包括下列资料。

（1）施工单位岩石地基开挖工序施工质量验收“三检”记录表。

（2）坑（槽）底部高程测量成果表及测量原始记录。

（3）监理单位岩石地基开挖工序施工质量各检验项目平行检测资料。

（4）施工单位岩石地基开挖工序影像资料。

________工程

表 3.2 岩石地基开挖地质缺陷处理工序施工质量验收评定表（样表）

<table>
<tr><td colspan="2">单位工程名称</td><td colspan="2"></td><td>工序编号</td><td colspan="2"></td></tr>
<tr><td colspan="2">分部工程名称</td><td colspan="2"></td><td>施工单位</td><td colspan="2"></td></tr>
<tr><td colspan="2">单元工程名称、部位</td><td colspan="2"></td><td>施工日期</td><td colspan="2">年 月 日— 年 月 日</td></tr>
<tr><td colspan="2">项次</td><td>检验项目</td><td>质量要求</td><td>检查（检测）记录</td><td>合格数</td><td>合格率/%</td></tr>
<tr><td rowspan="4">主控项目</td><td>1</td><td>地质探孔、竖井、平洞、试坑处理</td><td>符合设计单位要求</td><td></td><td></td><td></td></tr>
<tr><td>2</td><td>地质缺陷处理</td><td>节理、裂隙、断层、夹层或构造破碎带的处理符合设计要求</td><td></td><td></td><td></td></tr>
<tr><td>3</td><td>缺陷处理采用材料</td><td>材料质量满足要求</td><td></td><td></td><td></td></tr>
<tr><td>4</td><td>渗水处理</td><td>地基及岸坡的渗水（含泉眼）已引排或封堵，岩面整洁无积水</td><td></td><td></td><td></td></tr>
<tr><td>一般项目</td><td>1</td><td>地质缺陷处理范围</td><td>地质缺陷处理的宽度和深度符合设计要求。地基及岸坡岩石断层、破碎带的沟槽开挖边坡稳定，无反坡，无浮石，节理、裂隙内的充填物冲洗干净</td><td></td><td></td><td></td></tr>
<tr><td>施工单位自评意见</td><td colspan="6">主控项目检验结果全部符合合格质量标准，一般项目逐项检验点的合格率均大于或等于________%，且不合格点不集中分布。各项报验资料________SL 631 标准要求。
工序质量等级评定为：________
质检员：　　（签字，加盖公章）
年 月 日</td></tr>
<tr><td>监理单位复核意见</td><td colspan="6">经复核，主控项目检验结果全部符合合格质量标准，一般项目逐项检验点的合格率均大于或等于________%，且不合格点不集中分布。各项报验资料________SL 631 标准要求。
工序质量等级核定为：________
监理工程师：　　（签字，加盖公章）
年 月 日</td></tr>
</table>

×××　　工程

表 3.2　岩石地基开挖地质缺陷处理工序施工质量验收评定表（实例）

<table>
<tr><td colspan="2">单位工程名称</td><td colspan="2">拦河坝工程</td><td>工序编号</td><td colspan="3">—</td></tr>
<tr><td colspan="2">分部工程名称</td><td colspan="2">地基开挖及处理</td><td>施工单位</td><td colspan="3">×××省水利水电工程局</td></tr>
<tr><td colspan="2">单元工程名称、部位</td><td colspan="2">5号坝段岩石地基开挖</td><td>施工日期</td><td colspan="3">2013年5月28日—6月18日</td></tr>
<tr><td colspan="2">项次</td><td>检验项目</td><td>质量要求</td><td colspan="2">检查（检测）记录</td><td>合格数</td><td>合格率/%</td></tr>
<tr><td rowspan="4">主控项目</td><td>1</td><td>地质探孔、竖井、平洞、试坑处理</td><td>符合设计单位《施工技术要求》3.3.2条要求</td><td colspan="2">地质探孔（坑、井）已按设计要求处理</td><td>—</td><td>100</td></tr>
<tr><td>2</td><td>地质缺陷处理</td><td>节理、裂隙、断层、夹层或构造破碎带的处理符合设计单位《施工技术要求》4.3.4条要求</td><td colspan="2">地质缺陷已按要求处理</td><td>—</td><td>100</td></tr>
<tr><td>3</td><td>缺陷处理采用材料</td><td>材料质量满足设计单位《施工技术要求》4.3.6条要求</td><td colspan="2">灌浆（材料）检测结果合格</td><td>—</td><td>100</td></tr>
<tr><td>4</td><td>渗水处理</td><td>地基及岸坡的渗水（含泉眼）已引排或封堵，岩面整洁无积水</td><td colspan="2">渗水点已妥善处理，岩面整洁无积水</td><td>—</td><td>100</td></tr>
<tr><td>一般项目</td><td>1</td><td>地质缺陷处理范围</td><td>地质缺陷处理的宽度和深度符合设计要求。地基及岸坡岩石断层、破碎带的沟槽开挖边坡稳定，无反坡，无浮石，节理、裂隙内的充填物冲洗干净</td><td colspan="2">检查4个断面，地质缺陷处理的宽度和深度符合设计要求，开挖边坡稳定，裂隙中填充物冲洗干净</td><td>19</td><td>95.0</td></tr>
<tr><td colspan="2">施工单位自评意见</td><td colspan="6">主控项目检验结果全部符合合格质量标准，一般项目逐项检验点的合格率均大于或等于 90 %，且不合格点不集中分布。各项报验资料 符合 SL 631标准要求。
工序质量等级评定为：优良
质检员：×××（签字，加盖公章）
2013年6月18日</td></tr>
<tr><td colspan="2">监理单位复核意见</td><td colspan="6">经复核，主控项目检验结果全部符合合格质量标准，一般项目逐项检验点的合格率均大于或等于 90 %，且不合格点不集中分布。各项报验资料 符合 SL 631标准要求。
工序质量等级核定为：优良
监理工程师：×××（签字，加盖公章）
××××年××月××日</td></tr>
</table>

表 3.2　岩石地基开挖地质缺陷处理工序施工质量验收评定表

填　表　说　明

填表时必须遵守“填表基本要求”，并应符合下列要求。

1. 本填表说明适用于岩石地基开挖地质缺陷处理工序施工质量验收评定表的填写。

2. 单位工程、分部工程、单元工程名称及部位填写要与表 3 相同。

3. 工序编号：用于档案计算机管理，实例用“—”表示。

4. 检验（检测）项目的检验（检测）方法及数量和填表说明应按下表执行。

检验项目	检验方法	检验数量	填写说明
地质探孔、竖井、平洞、试坑处理	观察、量测、查阅施工记录等	全数检查	地质探孔（坑、井）已按设计要求处理，符合质量标准
地质缺陷处理			地质缺陷的处理符合设计要求
缺陷处理采用材料	查阅施工记录、取样试验等	每种材料至少抽验 1 组	灌浆（材料）检测结果合格，满足设计要求
渗水处理	观察、查阅施工记录	全数检查	渗水点已妥善处理，岩面整洁无积水
地质缺陷处理范围	测量、观察、查阅施工记录	检测点采用横断面或纵断面控制，各断面点数不少于 5 个点，局部突出或凹陷部位（面积在 $0.5m^2$ 以上者）应增设检测点	检查 4 个断面，地质缺陷处理的宽度和深度符合设计要求，开挖边坡稳定，裂隙中填充物冲洗干净

5. 工序质量要求。

（1）合格等级标准。

1）主控项目，检验结果应全部符合 SL 631 的要求。

2）一般项目，逐项应有 70%及以上的检验点合格，且不合格点不应集中。

3）各项报验资料应符合 SL 631 的要求。

（2）优良等级标准。

1）主控项目，检验结果应全部符合 SL 631 的要求。

2）一般项目，逐项应有 90%及以上的检验点合格，且不合格点不应集中。

3）各项报验资料应符合 SL 631 的要求。

6. 岩石地基开挖地质缺陷处理工序施工质量验收评定应提交下列资料。

（1）施工单位岩石地基开挖地质缺陷处理工序施工质量验收“三检”记录表。

（2）监理单位岩石地基开挖地质缺陷处理工序施工质量各检验项目平行检测资料。

________工程

表 4 岩石洞室开挖单元工程施工质量验收评定表（样表）

单位工程名称		单元工程量	
分部工程名称		施工单位	
单元工程名称、部位		施工日期	年 月 日— 年 月 日

项次		检验项目		质量要求		检查（检测）记录	合格数	合格率/%
主控项目	1	光面爆破和预裂爆破效果		残留炮孔痕迹分布均匀，预裂爆破后的裂缝连续贯穿；相邻两孔间的岩面平整，孔壁无明显的爆破裂隙				
				两茬炮之间的台阶或预裂爆破孔的最大外斜值不大于10cm				
			炮孔痕迹保存率	完整岩石	80%以上			
				较完整和完整性差的岩石	不小于50%			
				较破碎和破碎岩石	不小于20%			
	2	洞、井轴线		符合设计要求，允许偏差为−5～+5cm				
	3	不良地质处理		符合设计要求				
	4	爆破控制		爆破未损害岩体的完整性，开挖面无明显爆破裂隙，声波降低率小于10%，或满足设计要求				
一般项目	1	洞室壁面清撬		洞室壁面上无残留的松动岩块和可能塌落危石碎块，岩石面干净，无岩石碎片、尘埃、爆破泥粉等				
	2	岩石壁面局部超、欠挖及平整度	有结构要求或有配筋预埋件	底部高程	符合设计要求，允许偏差为0～+15cm（高程252.715～252.750m）			
				径向尺寸	符合设计要求，允许偏差为0～+15cm			
				侧向尺寸	符合设计要求，允许偏差为0～+15cm			
				开挖面平整度	符合设计要求，允许偏差为0～+10cm			

施工单位自评意见

主控项目检验结果全部符合合格质量标准，一般项目逐项检验点的合格率均大于或等于________%，且不合格点不集中分布。各项报验资料________SL 631标准要求。

单元工程质量等级评定为：________

质检员： （签字，加盖公章）
年 月 日

监理单位复核意见

经复核，主控项目检验结果全部符合合格质量标准，一般项目逐项检验点的合格率均大于或等于________%，且不合格点不集中分布。各项报验资料________SL 631标准要求。

单元工程质量等级核定为：________

监理工程师： （签字，加盖公章）
年 月 日

注：1. 本表所填“单元工程量”不作为施工单位工程量结算计量的依据。
2. “+”表示超挖，“−”表示欠挖。

×××工程

表 4　岩石洞室开挖单元工程施工质量验收评定表（实例）

<table>
<tr><td colspan="5">单位工程名称</td><td colspan="3">三标主支洞工程 TBM1 段</td><td>单元工程量</td><td colspan="2">1647.60m（Ⅲb）</td></tr>
<tr><td colspan="5">分部工程名称</td><td colspan="3">桩号 16＋515～18＋565 段开挖</td><td>施工单位</td><td colspan="2">×××工程局有限公司</td></tr>
<tr><td colspan="5">单元工程名称、部位</td><td colspan="3">岩石洞室开挖
（桩号 18＋021～18＋045）</td><td>施工日期</td><td colspan="2">2013 年 10 月 15—30 日</td></tr>
<tr><td colspan="2">项次</td><td colspan="3">检验项目</td><td colspan="3">质量要求</td><td>检查（检测）记录</td><td>合格数</td><td>合格率/%</td></tr>
<tr><td rowspan="8">主控项目</td><td rowspan="5">1</td><td colspan="3" rowspan="5">光面爆破和预裂爆破效果</td><td colspan="3">残留炮孔痕迹分布均匀，预裂爆破后的裂缝连续贯穿；相邻两孔间的岩面平整，孔壁无明显的爆破裂隙</td><td>残留炮孔痕迹分布均匀，孔壁无明显的爆破裂隙</td><td>—</td><td>100</td></tr>
<tr><td colspan="3">两茬炮之间的台阶或预裂爆破孔的最大外斜值不大于 10cm</td><td>相邻两孔间的岩面平整，两茬炮间错台值均小于 10cm</td><td>—</td><td>100</td></tr>
<tr><td rowspan="3">炮孔痕迹保存率</td><td>完整岩石</td><td>80%以上</td><td>—</td><td>—</td><td>—</td></tr>
<tr><td>较完整和完整性差的岩石</td><td>不小于 50%</td><td>—</td><td>—</td><td>—</td></tr>
<tr><td>较破碎和破碎岩石</td><td>不小于 20%</td><td>完整性差的Ⅲb 岩石炮孔痕迹保存率为 51.4%</td><td>—</td><td>100</td></tr>
<tr><td>2</td><td colspan="3">洞、井轴线</td><td colspan="3">符合设计要求，允许偏差为−5～＋5cm</td><td>经测量复核，本单元工程洞轴线检测 5 点，全部合格（详见测量成果表）</td><td>5</td><td>100</td></tr>
<tr><td>3</td><td colspan="3">不良地质处理</td><td colspan="3">符合设计要求</td><td>本单元内有 1 处大面积渗水段，采取灌浆封堵与钻孔集中引排水</td><td>1</td><td>100</td></tr>
<tr><td>4</td><td colspan="3">爆破控制</td><td colspan="3">爆破未损害岩体的完整性，开挖面无明显爆破裂隙，声波降低率小于 10%，或满足设计要求</td><td>岩体的完整性未受爆破损害，开挖面未发现明显爆破裂隙</td><td>—</td><td>100</td></tr>
<tr><td rowspan="5">一般项目</td><td>1</td><td colspan="3">洞室壁面清撬</td><td colspan="3">洞室壁面上无残留的松动岩块和可能塌落危石碎块，岩石面干净，无岩石碎片、尘埃、爆破泥粉等</td><td>未发现洞壁有残留的松动岩块与可能塌落危石碎块，岩石面干净，无岩石碎片、尘埃、爆破泥粉等</td><td>—</td><td>100</td></tr>
<tr><td rowspan="4">2</td><td rowspan="4">岩石壁面局部超、欠挖及平整度</td><td rowspan="4">有结构要求或有配筋预埋件</td><td>底部高程</td><td colspan="3">符合设计要求，允许偏差为 0～＋15cm（高程 252.715～252.750m）</td><td>单元内测量 25 点，经测量数据计算 25 个点偏差均在 0～20cm 范围内（详见测量计算表和断面图）</td><td>25</td><td>100</td></tr>
<tr><td>径向尺寸</td><td colspan="3">符合设计要求，允许偏差为 0～＋15cm</td><td>单元内测量 55 点，经测量数据计算 51 个点偏差均在 0～20cm 范围内（详见测量计算表和断面图）</td><td>51</td><td>92.7</td></tr>
<tr><td>侧向尺寸</td><td colspan="3">符合设计要求，允许偏差为 0～＋15cm</td><td>3.718m、3.686m、3.751m、3.719m、3.686m、3.718m、3.686m、3.751m、3.719m、3.787m</td><td>9</td><td>90.0</td></tr>
<tr><td>开挖面平整度</td><td colspan="3">符合设计要求，允许偏差为 0～＋10cm</td><td>8cm、7cm、6cm、9cm、4cm、2cm、11cm、6cm、8cm、3cm</td><td>9</td><td>90.0</td></tr>
<tr><td colspan="2">施工单位自评意见</td><td colspan="9">主控项目检验结果全部符合合格质量标准，一般项目逐项检验点的合格率均大于或等于 90 %，且不合格点不集中分布。各项报验资料 符合 SL 631 标准要求。
单元工程质量等级评定为： 优良
质检员：×××（签字，加盖公章）
2013 年 11 月 1 日</td></tr>
<tr><td colspan="2">监理单位复核意见</td><td colspan="9">经复核，主控项目检验结果全部符合合格质量标准，一般项目逐项检验点的合格率均大于或等于 90 %，且不合格点不集中分布。各项报验资料 符合 SL 631 标准要求。
单元工程质量等级核定为： 优良
监理工程师：×××（签字，加盖公章）
××××年××月××日</td></tr>
<tr><td colspan="11">注：1. 本表所填“单元工程量”不作为施工单位工程量结算计量的依据。
2. “＋”表示超挖，“−”表示欠挖。</td></tr>
</table>

表4 岩石洞室开挖单元工程施工质量验收评定表

填 表 说 明

填表时必须遵守“填表基本要求”，并应符合下列要求。

1. 本填表说明适用于岩石洞室开挖单元工程施工质量验收评定表的填写。

2. 单元工程划分：平洞开挖工程宜以施工检查验收的区、段或混凝土衬砌的设计分缝确定的块划分，每一个施工检查验收的区、段或一个浇筑块为一个单元工程；竖井（斜井）开挖工程宜以施工检查验收段每5～15m划分为一个单元工程；洞室开挖工程可参照平洞或竖井划分原则划分单元工程。

3. 单元工程量：单元工程量小数点后保留2位，如果恰为整数，则小数点后以0表示。填写的工程量单位（m^3），应与工程量清单工程量单位一致，且应注明本单元内围岩类别。

4. 洞室开挖方法与地下建筑物的规模和地质条件密切相关，开挖期间应对揭露的各种地质现象进行编录，预测预报可能出现的地质问题，修正围岩工程地质分段分类以研究改进围岩支护方案。

5. 检验（检测）项目的检验（检测）方法及数量和填表说明按下表执行。

检验项目	检验方法	检验数量	填写说明
光面爆破和预裂爆破效果	目测观察炮孔痕迹分布及孔壁爆破裂隙情况；现场量测岩面平整及两茬炮之间的错台值；统计计算岩石痕迹保存率	按照现场随机布点与监理工程师现场指定区位相结合的原则，每个单元抽测3处进行检验，每处不少于2～5m^2	填写现场观察、测量、统计的结果。详细的检验方法、过程、数据填写在检查记录里作为附表
洞、井轴线	激光导向仪测量	根据施工单位技术水平及单元工程长度及转弯半径确定检验数量	填写测量结果
不良地质处理	对照施工记录，现场查看	不良地质段范围内，全部查看	如果无不良地质段，则填写“—”；如果有不良地质段，则首先填写设计要求，再填写处理结果是否达到设计要求
爆破控制	网格目测观察法	网格数量应覆盖单元工程，全数检查	直接填写检查结果
洞室壁面清撬	网格目测观察法及查阅施工记录	网格数量应覆盖单元工程，全数检查	直接填写检查结果

续表

检验项目			检验方法	检验数量	填写说明
岩石壁面局部超、欠挖及平整度	有结构要求或有配筋预埋件	底部高程	水准仪测量	采用横断面控制，间距不大于5m，各横断面点数间距不大于2m，局部突出或凹陷部位（面积在$0.5m^2$以上者）应增设检测点	填写测量及计算的总体结果。将具体测量数据、断面图、偏差计算表作为附件
		径向尺寸 $R=4.550m$	激光导向仪测量		填写测量及计算的总体结果。将具体测量数据、断面图、偏差计算表作为附件
		侧向尺寸 $B=3.586m$	激光导向仪测量		表中只填测量结果，将偏差计算表作为附件
		开挖面平整度	测量		直接填写测量成果

6. 单元工程质量要求。

(1) 合格等级标准。

1) 主控项目，检验结果应全部符合SL 631的要求。

2) 一般项目，逐项应有70%及以上的检验点合格，且不合格点不应集中。

3) 各项报验资料应符合SL 631的要求。

(2) 优良等级标准。

1) 主控项目，检验结果应全部符合SL 631的要求。

2) 一般项目，逐项应有90%及以上的检验点合格，且不合格点不应集中。

3) 各项报验资料应符合SL 631的要求。

7. 岩石洞室开挖单元工程施工质量验收评定表应包括下列资料。

(1) 施工单位岩石洞室开挖单元工程施工质量验收“三检”记录表。

(2) 岩石洞室开挖单元工程施工检查记录。

(3) 监理单位岩石洞室开挖单元工程施工质量各检验项目平行检测资料。

____________工程

表 5　TBM 岩石洞室开挖单元工程施工质量验收评定表（样表）

<table>
<tr><td colspan="3">单位工程名称</td><td colspan="1"></td><td>单元工程量</td><td colspan="2"></td></tr>
<tr><td colspan="3">分部工程名称</td><td colspan="1"></td><td>施工单位</td><td colspan="2"></td></tr>
<tr><td colspan="3">单元工程名称、部位</td><td colspan="1"></td><td>施工日期</td><td colspan="2">年　月　日— 年　月　日</td></tr>
<tr><td colspan="2">项次</td><td>检验项目</td><td>质量要求</td><td>检查（检测）记录</td><td>合格数</td><td>合格率/%</td></tr>
<tr><td rowspan="4">主控项目</td><td rowspan="2">1</td><td rowspan="2">洞身轴线</td><td>允许偏差：垂直－4～＋4cm</td><td rowspan="2"></td><td></td><td></td></tr>
<tr><td>允许偏差：水平－6～＋6cm</td><td></td><td></td></tr>
<tr><td>2</td><td>不良地质处理</td><td>符合设计要求</td><td></td><td></td><td></td></tr>
<tr><td>3</td><td>底部高程</td><td>符合设计要求，允许偏差为－6～＋6cm</td><td></td><td></td><td></td></tr>
<tr><td rowspan="3">一般项目</td><td>1</td><td>超挖处理</td><td>符合设计要求</td><td></td><td></td><td></td></tr>
<tr><td>2</td><td>径向</td><td>允许偏差为－2～＋2cm</td><td></td><td></td><td></td></tr>
<tr><td>3</td><td>全断面掘进机水平方向纠偏率</td><td>允许偏差为－0.4～＋0.4cm/m</td><td></td><td></td><td></td></tr>
<tr><td colspan="2">施工单位自评意见</td><td colspan="5">主控项目检验结果全部符合合格质量标准，一般项目逐项检验点的合格率均大于或等于______%，且不合格点不集中分布。各项报验资料______SL 631 标准要求。
单元工程质量等级评定为：______
质检员：　　（签字，加盖公章）
年　月　日</td></tr>
<tr><td colspan="2">监理单位复核意见</td><td colspan="5">经复核，主控项目检验结果全部符合合格质量标准，一般项目逐项检验点的合格率均大于或等于______%，且不合格点不集中分布。各项报验资料______SL 631 标准要求。
单元工程质量等级核定为：______
监理工程师：　　（签字，加盖公章）
年　月　日</td></tr>
</table>

×××______工程

表 5 TBM 岩石洞室开挖单元工程施工质量验收评定表（实例）

<table>
<tr><td colspan="3">单位工程名称</td><td>**三标 TBM1 段**</td><td>单元工程量</td><td colspan="2">**1815.16m（Ⅲb）**</td></tr>
<tr><td colspan="3">分部工程名称</td><td>**桩号 16＋515～18＋565 段 TBM 开挖**</td><td>施工单位</td><td colspan="2">**中国水利水电第××工程局有限公司**</td></tr>
<tr><td colspan="3">单元工程名称、部位</td><td>**TBM 岩石洞室开挖（桩号 18＋021～18＋053）**</td><td>施工日期</td><td colspan="2">**2013 年 12 月 10—12 日**</td></tr>
<tr><td colspan="2">项次</td><td>检验项目</td><td>质量要求</td><td>检查（检测）记录</td><td>合格数</td><td>合格率/%</td></tr>
<tr><td rowspan="4">主控项目</td><td rowspan="2">1</td><td rowspan="2">洞身轴线</td><td>允许偏差：垂直－4～＋4cm</td><td rowspan="2">**平均 1.5m 检测一次，共检测 19 个点（具体检测数据详见检验记录）**</td><td>**18**</td><td>**94.7**</td></tr>
<tr><td>允许偏差：水平－6～＋6cm</td><td>**18**</td><td>**94.7**</td></tr>
<tr><td>2</td><td>不良地质处理</td><td>符合设计要求</td><td>—</td><td>—</td><td>—</td></tr>
<tr><td>3</td><td>底部高程</td><td>符合设计要求（设计值 252.68～252.75m），允许偏差为－6～＋6cm</td><td>**252.751m、252.730m、252.692m、252.750m、252.736m、252.718m、252.689m**</td><td>**7**</td><td>**100**</td></tr>
<tr><td rowspan="3">一般项目</td><td>1</td><td>超挖处理</td><td>符合设计要求</td><td>—</td><td>—</td><td>—</td></tr>
<tr><td>2</td><td>径向</td><td>符合设计要求（设计值 R＝4.55m），允许偏差为－2～＋2cm</td><td>**单元内测量 5 个断面，每断面测量 11 个点（具体检测数据详见检验记录）**</td><td>**51**</td><td>**92.7**</td></tr>
<tr><td>3</td><td>全断面掘进机水平方向纠偏率</td><td>允许偏差为－0.4～＋0.4cm/m</td><td>—</td><td>—</td><td>—</td></tr>
<tr><td colspan="2">施工单位自评意见</td><td colspan="5">主控项目检验结果全部符合合格质量标准，一般项目逐项检验点的合格率均大于或等于 **90** %，且不合格点不集中分布。各项报验资料 **符合** SL 631 标准要求。
单元工程质量等级评定为：**优良**
质检员：×××（签字，加盖公章）
2013 年 12 月 15 日</td></tr>
<tr><td colspan="2">监理单位复核意见</td><td colspan="5">经复核，主控项目检验结果全部符合合格质量标准，一般项目逐项检验点的合格率均大于或等于 **90** %，且不合格点不集中分布。各项报验资料 **符合** SL 631 标准要求。
单元工程质量等级核定为：**优良**
监理工程师：×××（签字，加盖公章）
××××年××月××日</td></tr>
</table>

表5 TBM岩石洞室开挖单元工程施工质量验收评定表

填 表 说 明

填表时必须遵守“填表基本要求”，并符合下列要求。

1. 本填表说明适用于TBM岩石洞室开挖单元工程的质量检查与评定。

2. 单元工程量：单元工程量小数点后保留2位，如果恰为整数，则小数点后以0表示。填写的工程量单位（m^3），应与工程量清单工程量单位一致，且应注明本单元内围岩类别。

3. 检验（检测）项目的检验（检测）方法及数量和填表说明应按下表执行。

检验项目	检 验 方 法	检验数量	填写说明
洞身轴线	应从TBM操作室读取掘进轴线与设计轴线偏差数据，设计轴线的精确度除按照相关规范和技术要求中控制测量与水准测量要求进行控制外，还应定期审核施工单位上报的施工导线放样报验单	在TBM每掘进循环终止换步前读取最后一组偏差数据作为检测值	直接填写检测结果（若检测数据多时，可说明检测结果，附具体检测数据表）
不良地质处理	观察	全数检查	描述不良地质段是否按设计要求处理
底部高程	水准仪测量	采用横断面控制，间距不大于5m	填写测量及计算的总体结果。将具体测量数据、断面图、偏差计算表作为附件
超挖处理	观察	全数检查	描述有超挖情况是否处理
径向	激光导向仪测量	采用横断面控制，间距不大于5m，各横断面点数间距不大于2m	表中只填测量结果，将偏差计算表作为附件
全断面掘进机水平方向纠偏率	激光导向仪测量	每个断面检测不少于3个点	表中只填测量结果，将偏差计算表作为附件

注 隧道轴线检测点数根据单元内TBM行程数确定。“水平误差及垂直误差”的质量标准分别是：合格标准应不低于70%；优良标准应不低于90%。当满足本要求时，即认为是主控项目检验点100%达到合格标准。

4. 单元工程质量要求。

（1）合格等级标准。

1）主控项目，检验结果应全部符合SL 631的要求。

2）一般项目，逐项应有70%及以上的检验点合格，且不合格点不应集中。

3）各项报验资料应符合SL 631的要求。

（2）优良等级标准。

1）主控项目，检验结果应全部符合SL 631的要求。

2）一般项目，逐项应有90%及以上的检验点合格，且不合格点不应集中。

3）各项报验资料应符合 SL 631 的要求。

5. TBM 岩石洞室开挖单元工程施工质量验收评定表应包括下列资料。

（1）TBM 岩石洞室开挖单元工程施工质量验收评定表。

（2）TBM 岩石洞室开挖单元工程施工质量洞轴线、径向、底部高程检验记录表及原始记录。

（3）监理单位 TBM 岩石洞室开挖单元工程施工质量各检验项目平行检测记录。

______工程

表 6　土质洞室开挖单元工程施工质量验收评定表（样表）

<table>
<tr><td colspan="3">单位工程名称</td><td colspan="2"></td><td>单元工程量</td><td colspan="3"></td></tr>
<tr><td colspan="3">分部工程名称</td><td colspan="2"></td><td>施工单位</td><td colspan="3"></td></tr>
<tr><td colspan="3">单元工程名称、部位</td><td colspan="2"></td><td>施工日期</td><td colspan="3">年　月　日—　年　月　日</td></tr>
<tr><td colspan="2">项次</td><td>检验项目</td><td colspan="2">质量要求</td><td colspan="2">检查（检测）记录</td><td>合格数</td><td>合格率/%</td></tr>
<tr><td rowspan="3">主控项目</td><td>1</td><td>超前支护</td><td colspan="2">钻孔安装位置、倾斜角度准确。注浆材料配比与凝胶时间、灌浆压力、次序等符合设计要求</td><td colspan="2"></td><td></td><td></td></tr>
<tr><td>2</td><td>初期支护</td><td colspan="2">安装位置准确。初喷、喷射混凝土、回填注浆材料配比与凝胶时间、灌浆压力、次序以及喷射混凝土厚度等符合设计要求。喷射混凝土密实、表面平整，平整度应满足 0～+5cm</td><td colspan="2"></td><td></td><td></td></tr>
<tr><td>3</td><td>洞、井轴线</td><td colspan="2">符合设计要求，允许偏差为 −5～+5cm</td><td colspan="2"></td><td></td><td></td></tr>
<tr><td rowspan="6">一般项目</td><td>1</td><td>洞面清理</td><td colspan="2">洞壁围岩无松土、尘埃</td><td colspan="2"></td><td></td><td></td></tr>
<tr><td>2</td><td>底部高程</td><td colspan="2">符合设计要求，允许偏差为 0～+10cm</td><td colspan="2"></td><td></td><td></td></tr>
<tr><td>3</td><td>径向尺寸</td><td colspan="2">符合设计要求，允许偏差为 0～+10cm</td><td colspan="2"></td><td></td><td></td></tr>
<tr><td>4</td><td>侧向尺寸</td><td colspan="2">符合设计要求，允许偏差为 0～+10cm</td><td colspan="2"></td><td></td><td></td></tr>
<tr><td>5</td><td>开挖面平整度</td><td colspan="2">符合设计要求，允许偏差为 0～+10cm</td><td colspan="2"></td><td></td><td></td></tr>
<tr><td>6</td><td>洞室变形监测</td><td colspan="2">土质洞室的地面、洞室壁面变形监测点埋设符合设计或有关规范要求</td><td colspan="2"></td><td></td><td></td></tr>
<tr><td colspan="2">施工单位自评意见</td><td colspan="7">主控项目检验结果全部符合合格质量标准，一般项目逐项检验点的合格率均大于或等于______%，且不合格点不集中分布。各项报验资料______SL 631 标准要求。
单元工程质量等级评定为：______
质检员：　（签字，加盖公章）
年　月　日</td></tr>
<tr><td colspan="2">监理单位复核意见</td><td colspan="7">经复核，主控项目检验结果全部符合合格质量标准，一般项目逐项检验点的合格率均大于或等于______%，且不合格点不集中分布。各项报验资料______SL 631 标准要求。
单元工程质量等级核定为：______
监理工程师：　（签字，加盖公章）
年　月　日</td></tr>
</table>

×××　工程

表 6　　土质洞室开挖单元工程施工质量验收评定表（实例）

单位工程名称		支线隧道工程		单元工程量	1326.37m³	
分部工程名称		出口桩号 J12＋773.404～J14＋612.404 段开挖		施工单位	××××工程局有限公司	
单元工程名称、部位		桩号 J12＋821～J12＋845		施工日期	2013 年 12 月 15—30 日	
项次		检验项目	质量要求	检查（检测）记录	合格数	合格率/%
主控项目	1	超前支护	钻孔安装位置、倾斜角度准确。注浆材料配比与凝胶时间、灌浆压力、次序等符合设计要求	现场观察、量测结果符合设计要求（详见检查记录）	—	100
	2	初期支护	安装位置准确。初喷、喷射混凝土、回填注浆材料配比与凝胶时间、灌浆压力、次序以及喷射混凝土厚度等符合设计要求。喷射混凝土密实、表面平整，平整度应满足 0～＋5cm	现场观察、量测结果符合设计要求（详见检查记录）	—	100
	3	洞、井轴线	符合设计要求，允许偏差为－5～＋5cm	－3cm、4cm、2cm	3	100
一般项目	1	洞面清理	洞壁围岩无松土、尘埃	未发现洞壁围岩有松土现象	—	100
	2	底部高程	符合设计要求（设计值 252.68～252.75m），允许偏差为 0～＋10cm	单元内测量 25 点，经测量数据计算 25 个点偏差均在 0～10cm 范围内（详见测量计算表和断面图）	25	100
	3	径向尺寸	符合设计要求（设计值 R＝4.55m），允许偏差为 0～＋10cm	单元内测量 55 点，经测量数据计算 51 个点偏差均在 0～10cm 范围内（详见测量计算表和断面图）	51	92.7
	4	侧向尺寸	符合设计要求（设计值 B＝3.586m），允许偏差为 0～＋10cm	3.684m、3.685m、3.588m、3.592m、3.590m、3.672m、3.683m、3.682m、3.719m、3.596m	9	90.0
	5	开挖面平整度	符合设计要求，允许偏差为 0～＋10cm	8cm、7cm、6cm、9cm、4cm、2cm、11cm、6cm、8cm、3cm	9	90.0
	6	洞室变形监测	土质洞室的地面、洞室壁面变形监测点埋设符合设计或有关规范要求	经检测监测断面间距，监测断面监测点埋设数量、量测频率均符合设计要求	15	100
施工单位自评意见	主控项目检验结果全部符合合格质量标准，一般项目逐项检验点的合格率均大于或等于 90 %，且不合格点不集中分布。各项报验资料 符合 SL 631 标准要求。 单元工程质量等级评定为：优良 质检员：×××（签字，加盖公章） 2014 年 1 月 2 日					
监理单位复核意见	经复核，主控项目检验结果全部符合合格质量标准，一般项目逐项检验点的合格率均大于或等于 90 %，且不合格点不集中分布。各项报验资料 符合 SL 631 标准要求。 单元工程质量等级核定为：优良 监理工程师：×××（签字，加盖公章） ××××年××月××日					

表6　土质洞室开挖单元工程施工质量验收评定表

填　表　说　明

填表时必须遵守“填表基本要求”，并符合下列要求。

1. 本填表说明适用于土质洞室开挖单元工程施工质量验收评定表的填写。具体适用于土质洞室、砂砾石洞室开挖。对岩土过渡段洞室，岩石洞室的软弱岩层、断层及构造破碎带段洞室等，可参照执行。

2. 单元工程划分：以施工检查验收的区、段、块划分，每一个施工检查验收的区、段、块（仓），划分为一个单元工程。

3. 单元工程量：单元工程量小数点后保留2位，如果恰为整数，则小数点后以0表示。填写的工程量单位（m^3），应与工程量清单工程量单位一致。

4. 检验（检测）项目的检验（检测）方法及数量和填表说明按下表执行。

检验项目	检　验　方　法	检验数量	填写说明
超前支护	观察钻孔实际位置与测量放线孔位点是否偏差；现场量测倾斜角度；查阅施工记录，查看注浆材料配比与凝胶时间、灌浆压力、次序等	按照现场随机布点与监理工程师现场指定区位相结合的原则，每个单元抽测3处，每处每项不少于3个点进行检验	填写现场观察、测量、查阅施工记录的结果。详细的检验方法、过程、数据填写在检查记录里作为附表
初期支护	观察钻孔实际位置与测量放线孔位点偏差及喷混厚度是否达到标识；现场量测喷混平整度；查阅施工记录，查看注浆材料配比与凝胶时间、灌浆压力、次序等	每个单元工程抽检3～5处	填写现场观察、测量、查阅施工记录的结果。详细的检验方法、过程、数据填写在检查记录里作为附表
洞、井轴线	测量	单元内抽检3处测量，全数查看施工测量放线记录	填写测量总体结果。详细的检验方法、过程、数据填写在检查记录里作为附表
洞面清理	网格目测观察法及查阅施工记录	网格数量应覆盖单元工程，全数检查	直接填写检查结果，详细的检验方法、过程填写在检查记录里作为附表
底部高程	测量	采用横断面控制，间距不大于5m，各横断面点数间距不大于2m，局部突出或凹陷部位（面积在$0.5m^2$以上者）应增设检测点	表中只填结果，将具体测量数据、断面图、偏差计算表作为附件
径向尺寸	测量		表中只填结果，将具体测量数据、断面图、偏差计算表作为附件
侧向尺寸	测量		表中只填测量结果，将偏差计算表作为附件
开挖面平整度	测量		直接填写测量成果
洞室变形监测	观察、测量、查阅观测记录	全数观测。根据洞室变形稳定情况确定观测频次，但每天不少于2次	填写检验总体结果。详细的检验方法填写在检查记录里

5. 单元工程质量要求。

(1) 合格等级标准。

1) 主控项目，检验结果应全部符合 SL 631 的要求。

2) 一般项目，逐项应有 70%及以上的检验点合格，且不合格点不应集中。

3) 各项报验资料应符合 SL 631 的要求。

(2) 优良等级标准。

1) 主控项目，检验结果应全部符合 SL 631 的要求。

2) 一般项目，逐项应有 90%及以上的检验点合格，且不合格点不应集中。

3) 各项报验资料应符合 SL 631 的要求。

6. 土质洞室开挖单元工程施工质量验收评定表应包括下列资料。

(1) 施工单位土质洞室开挖单元工程施工质量验收“三检”记录表。

(2) 洞、井轴线、底部高程、径向尺寸、侧向尺寸检验项目测量成果表及测量原始记录。

(3) 洞室变形监测分析报告及原始测量记录。

(4) 监理单位土质洞室开挖单元工程施工质量各检验项目平行检测资料。

(5) 施工单位土质洞室开挖单元工程施工影像资料。

7. 若本土质洞室开挖单元工程在项目划分时确定为重要隐蔽（关键部位）单元工程时，应按《水利水电工程施工检验与评定规程》(SL 176—2007) 要求，另外需填写该规程附录 1“重要隐蔽单元工程（关键部位单元工程）质量等级签证表”，且提交此表附件资料。

______________工程

表 7　　土料填筑单元工程施工质量验收评定表（样表）

<table>
<tr><td>单位工程名称</td><td colspan="2"></td><td>单元工程量</td><td></td></tr>
<tr><td>分部工程名称</td><td colspan="2"></td><td>施工单位</td><td></td></tr>
<tr><td>单元工程名称、部位</td><td colspan="2"></td><td>施工日期</td><td>年　月　日—　年　月　日</td></tr>
<tr><td>项次</td><td colspan="2">工序名称</td><td colspan="2">工序施工质量验收评定等级</td></tr>
<tr><td>1</td><td colspan="2">土料填筑结合面处理</td><td colspan="2"></td></tr>
<tr><td>2</td><td colspan="2">土料填筑卸料及铺填</td><td colspan="2"></td></tr>
<tr><td>3</td><td colspan="2">△土料填筑土料压实</td><td colspan="2"></td></tr>
<tr><td>4</td><td colspan="2">土料填筑接缝处理</td><td colspan="2"></td></tr>
<tr><td>施工单位
自评意见</td><td colspan="4">各工序施工质量全部合格，其中优良工序占______%，主要工序达到______等级。各项报验资料______SL 631 标准要求。
单元工程质量等级评定为：______
质检员：　　（签字，加盖公章）
年　月　日</td></tr>
<tr><td>监理单位
复核意见</td><td colspan="4">经抽检并查验相关检验报告和检验资料，各工序施工质量全部合格，其中优良工序占______%，主要工序达到______等级。各项报验资料______SL 631 标准要求。
单元工程质量等级核定为：______
监理工程师：　　（签字，加盖公章）
年　月　日</td></tr>
<tr><td colspan="5">注：本表所填“单元工程量”不作为施工单位工程量结算计量的依据。</td></tr>
</table>

×××工程

表7　土料填筑单元工程施工质量验收评定表（实例）

<table>
<tr><td colspan="2">单位工程名称</td><td>**拦河坝工程**</td><td>单元工程量</td><td>**420m³**</td></tr>
<tr><td colspan="2">分部工程名称</td><td>**心墙土方填筑**</td><td>施工单位</td><td>**×××省水利水电工程局**</td></tr>
<tr><td colspan="2">单元工程名称、部位</td><td>**心墙填筑（桩号0+300～0+500，高程50.00～50.30m）**</td><td>**施工日期**</td><td>**2013年7月20—28日**</td></tr>
<tr><td>项次</td><td colspan="2">工序名称</td><td colspan="2">工序施工质量验收评定等级</td></tr>
<tr><td>1</td><td colspan="2">土料填筑结合面处理</td><td colspan="2">**优良**</td></tr>
<tr><td>2</td><td colspan="2">土料填筑卸料及铺填</td><td colspan="2">**优良**</td></tr>
<tr><td>3</td><td colspan="2">△土料填筑土料压实</td><td colspan="2">**优良**</td></tr>
<tr><td>4</td><td colspan="2">土料填筑接缝处理</td><td colspan="2">**优良**</td></tr>
<tr><td>施工单位自评意见</td><td colspan="4">各工序施工质量全部合格，其中优良工序占 **100** %，主要工序达到 **优良** 等级。各项报验资料 **符合** SL 631标准要求。
单元工程质量等级评定为：**优良**
质检员：×××（签字，加盖公章）
2013年7月28日</td></tr>
<tr><td>监理单位复核意见</td><td colspan="4">经抽检并查验相关检验报告和检验资料，各工序施工质量全部合格，其中优良工序占 **100** %，主要工序达到 **优良** 等级。各项报验资料 **符合** SL 631标准要求。
单元工程质量等级核定为：**优良**
监理工程师：×××（签字，加盖公章）
××××年××月××日</td></tr>
<tr><td colspan="5">注：本表所填“单元工程量”不作为施工单位工程量结算计量的依据。</td></tr>
</table>

表7　土料填筑单元工程施工质量验收评定表

填　表　说　明

填表时必须遵守“填表基本要求”，并符合下列要求。

1. 本填表说明适用于土料填筑单元工程施工质量验收评定表的填写。适用于土石坝防渗体土料铺填施工，其他土料铺填可参照执行。土方填筑料（土料）的材料质量指标应符合设计要求。

土方填筑料在铺填前，应进行碾压试验，以确定碾压方式及碾压质量控制参数。

2. 单元工程划分：以工程设计结构或施工检查验收的区、段、层划分，通常每一区、段的每一层即为一个单元工程。

3. 土料铺填施工单元工程宜分为土料填筑结合面处理、土料填筑卸料及铺填、土料填筑土料压实、土料填筑接缝处理4个工序，其中土料填筑土料压实工序为主要工序，用△标注。本表是在表7.1～表7.4工序施工质量验收评定合格的基础上进行。

4. 单元工程量：填写本单元土料填筑工程量（m^3）。

5. 单元工程质量要求。

(1) 合格等级标准。

1) 各工序施工质量验收评定应全部合格。

2) 各项报验资料应符合SL 631的要求。

(2) 优良等级标准。

1) 各工序施工质量验收评定应全部合格，其中优良工序应达到50%及以上，且主要工序应达到优良等级。

2) 各项报验资料应符合SL 631的要求。

6. 土料填筑单元工程施工质量验收评定表应包括下列资料。

(1) 土料填筑结合面处理工序施工质量评定验收表，各项检验项目检验记录资料。

(2) 土料填筑卸料及铺填工序施工质量评定验收表，各项检验项目检验记录资料及实体检验项目检验记录资料。

(3) 土料填筑土料工序施工质量评定验收表，各项检验项目检验记录资料及实体检验项目检验记录资料。

(4) 土料填筑接缝处理工序施工质量评定验收表，各项检验项目检验记录资料。

(5) 监理单位土料填筑结合面处理、土料填筑卸料及铺填、土料填筑土料压实、土料填筑接缝处理4个工序施工质量各检验项目平行检测资料。

7. 若本土料填筑单元工程在项目划分时确定为关键部位单元工程时，应按《水利水电工程施工检验与评定规程》(SL 176—2007) 要求，另外需填写该规程附录1“关键部位单元工程质量等级签证表”，且提交此表附件资料。

__________工程

表 7.1　土料填筑结合面处理工序施工质量验收评定表（样表）

<table>
<tr><td colspan="4">单位工程名称</td><td></td><td>工序编号</td><td colspan="2"></td></tr>
<tr><td colspan="4">分部工程名称</td><td></td><td>施工单位</td><td colspan="2"></td></tr>
<tr><td colspan="4">单元工程名称、部位</td><td></td><td>施工日期</td><td colspan="2">年　月　日— 　年　月　日</td></tr>
<tr><td colspan="2">项次</td><td colspan="2">检验项目</td><td>质量要求</td><td>检查（检测）记录</td><td>合格数</td><td>合格率/%</td></tr>
<tr><td rowspan="7">主控项目</td><td rowspan="2">1</td><td rowspan="2">建基面地基压实</td><td>黏性土、砾质土地基土层</td><td>符合设计要求</td><td></td><td></td><td></td></tr>
<tr><td>无黏性土地基土层</td><td>相对密实度符合设计要求</td><td></td><td></td><td></td></tr>
<tr><td rowspan="2">2</td><td colspan="2" rowspan="2">土质建基面刨毛</td><td>土质地基表面刨毛 3～5cm</td><td></td><td></td><td></td></tr>
<tr><td>层面刨毛均匀细致，无团块、空白</td><td></td><td></td><td></td></tr>
<tr><td rowspan="3">3</td><td colspan="2" rowspan="3">岩面和混凝土面处理</td><td>与土质防渗体接合的岩面或混凝土面，无浮渣、污物杂物，无乳皮粉尘、油垢，无局部积水等。铺填前涂刷浓泥浆或黏土水泥砂浆，涂刷均匀，无空白，且回填及时，无风干现象</td><td></td><td></td><td></td></tr>
<tr><td>混凝土面 —</td><td></td><td></td><td></td></tr>
<tr><td>裂隙岩面 —</td><td></td><td></td><td></td></tr>
<tr><td rowspan="2">一般项目</td><td>1</td><td colspan="2">层间结合面</td><td>上下层铺土的结合层面无砂砾、无杂物、表面松土、湿润均匀、无积水</td><td></td><td></td><td></td></tr>
<tr><td>2</td><td colspan="2">涂刷浆液质量</td><td>浆液稠度适宜、均匀无团块，材料配比误差不大于10%</td><td></td><td></td><td></td></tr>
<tr><td colspan="2">施工单位自评意见</td><td colspan="6">主控项目检验结果全部符合合格质量标准，一般项目逐项检验点的合格率均大于或等于________%，且不合格点不集中分布。各项报验资料________SL 631 标准要求。
工序质量等级评定为：________
质检员：　　　　（签字，加盖公章）
年　月　日</td></tr>
<tr><td colspan="2">监理单位复核意见</td><td colspan="6">经复核，主控项目检验结果全部符合合格质量标准，一般项目逐项检验点的合格率均大于或等于________%，且不合格点不集中分布。各项报验资料________SL 631 标准要求。
工序质量等级核定为：________
监理工程师：　　　　（签字，加盖公章）
年　月　日</td></tr>
</table>

×××　工程

表 7.1　土料填筑结合面处理工序施工质量验收评定表（实例）

<table>
<tr><td colspan="4">单位工程名称</td><td>拦河坝工程</td><td>工序编号</td><td colspan="2">—</td></tr>
<tr><td colspan="4">分部工程名称</td><td>心墙土方填筑</td><td>施工单位</td><td colspan="2">×××省水利水电工程局</td></tr>
<tr><td colspan="4">单元工程名称、部位</td><td>心墙填筑
（桩号 0+300～0+500，
高程 50.00～50.30m）</td><td>施工日期</td><td colspan="2">2013 年 7 月 20—22 日</td></tr>
<tr><td colspan="2">项次</td><td colspan="2">检验项目</td><td>质量要求</td><td>检查（检测）记录</td><td>合格数</td><td>合格率/%</td></tr>
<tr><td rowspan="7">主控项目</td><td rowspan="2">1</td><td rowspan="2">建基面地基压实</td><td>黏性土、砾质土地基土层</td><td>符合设计要求（设计干密度 1.58g/cm³）</td><td>基面干密度检测 30 点，检测结果全部合格（检测结果见附件）</td><td>30</td><td>100</td></tr>
<tr><td>无黏性土地基土层</td><td>相对密实度符合设计要求</td><td>—</td><td>—</td><td>—</td></tr>
<tr><td rowspan="2">2</td><td colspan="2" rowspan="2">土质建基面刨毛</td><td>土质地基表面刨毛 3～5cm</td><td>土质地基表面刨毛处理</td><td>30</td><td>100</td></tr>
<tr><td>层面刨毛均匀细致，无团块、空白</td><td>—</td><td>—</td><td>—</td></tr>
<tr><td rowspan="3">3</td><td colspan="2" rowspan="3">岩面和混凝土面处理</td><td>与土质防渗体接合的岩面或混凝土面，无浮渣、污物杂物，无乳皮粉尘、油垢，无局部积水等。铺填前涂刷浓泥浆或黏土水泥砂浆，涂刷均匀，无空白，且回填及时，无风干现象</td><td>—</td><td>—</td><td>—</td></tr>
<tr><td>混凝土面　—</td><td>—</td><td>—</td><td>—</td></tr>
<tr><td>裂隙岩面　—</td><td>—</td><td>—</td><td>—</td></tr>
<tr><td rowspan="2">一般项目</td><td>1</td><td colspan="2">层间结合面</td><td>上下层铺土的结合层面无砂砾、无杂物、表面松土、湿润均匀、无积水</td><td>—</td><td>—</td><td>—</td></tr>
<tr><td>2</td><td colspan="2">涂刷浆液质量</td><td>浆液稠度适宜、均匀无团块，材料配比误差不大于 10%</td><td>—</td><td>—</td><td>—</td></tr>
<tr><td>施工单位自评意见</td><td colspan="7">主控项目检验结果全部符合合格质量标准，一般项目逐项检验点的合格率均大于或等于 <u>90</u> %，且不合格点不集中分布。各项报验资料 <u>符合</u> SL 631 标准要求。
工序质量等级评定为：<u>优良</u>
质检员：×××（签字，加盖公章）
2013 年 7 月 23 日</td></tr>
<tr><td>监理单位复核意见</td><td colspan="7">经复核，主控项目检验结果全部符合合格质量标准，一般项目逐项检验点的合格率均大于或等于 <u>90</u> %，且不合格点不集中分布。各项报验资料 <u>符合</u> SL 631 标准要求。
工序质量等级核定为：<u>优良</u>
监理工程师：×××（签字，加盖公章）
××××年××月××日</td></tr>
</table>

表 7.1 土料填筑结合面处理工序施工质量验收评定表

填 表 说 明

填表时必须遵守“填表基本要求”，并符合下列要求。

1. 本填表说明适用于土料填筑结合面处理工序施工质量验收评定表的填写。
2. 单位工程、分部工程、单元工程名称及部位填写要与表 7 相同。
3. 工序编号：用于档案计算机管理，实例用“—”表示。
4. 检验（检测）项目的检验（检测）方法及数量和填表说明应按下表执行。

检验项目	检验方法	检验数量	填写说明
建基面地基压实	方格网布点检查	坝轴线方向 50m，上下游方向 20m 范围内布点。检验深度应深入地基表面以下 1.0m，对地质条件复杂的地基，应加密布点取样检验	填写试验检测结果个数，附试验检测报告
土质建基面刨毛	方格网布点检查	每个单元不少于 30 个点	根据工程实际，选择检验项目填写
岩面和混凝土面处理	方格网布点检查	每个单元不少于 30 个点	根据工程实际，选择检验项目填写
层间结合面	目测观察	全数检查	根据工程实际，选择检验项目填写
涂刷浆液质量	目测观察、抽测	每拌和一批至少抽样检测 1 次	根据工程实际，选择检验项目填写

5. 工序质量要求。

（1）合格等级标准。

1）主控项目，检验结果应全部符合 SL 631 的要求。

2）一般项目，逐项应有 70%及以上的检验点合格，且不合格点不应集中。

3）各项报验资料应符合 SL 631 的要求。

（2）优良等级标准。

1）主控项目，检验结果应全部符合 SL 631 的要求。

2）一般项目，逐项应有 90%及以上的检验点合格，且不合格点不应集中。

3）各项报验资料应符合 SL 631 的要求。

6. 土料填筑结合面处理工序施工质量验收评定应提交下列资料。

（1）施工单位土料填筑结合面处理工序施工质量验收“三检”记录表。

（2）建基面地基压实试验报告。

（3）监理单位土料填筑结合面处理工序施工质量检验项目平行检测资料。

____________工程

表7.2 土料填筑卸料及铺填工序施工质量验收评定表（样表）

<table>
<tr><td colspan="2">单位工程名称</td><td colspan="2"></td><td>工序编号</td><td colspan="3"></td></tr>
<tr><td colspan="2">分部工程名称</td><td colspan="2"></td><td>施工单位</td><td colspan="3"></td></tr>
<tr><td colspan="2">单元工程名称、部位</td><td colspan="2"></td><td>施工日期</td><td colspan="3">年 月 日— 年 月 日</td></tr>
<tr><td colspan="2">项次</td><td colspan="2">检验项目</td><td>质量要求</td><td>检查（检测）记录</td><td>合格数</td><td>合格率/%</td></tr>
<tr><td rowspan="2">主控项目</td><td>1</td><td colspan="2">卸料</td><td>卸料、平料符合设计要求，均衡上升。施工面平整、土料分区清晰，上下层分段位置错开</td><td></td><td></td><td></td></tr>
<tr><td>2</td><td colspan="2">铺填</td><td>上下游坝坡铺填应有富裕量，防渗铺盖在坝体以内部分应与心墙或斜墙同时铺填。铺料表面应保持湿润，符合施工含水量</td><td></td><td></td><td></td></tr>
<tr><td rowspan="4">一般项目</td><td>1</td><td colspan="2">结合部土料铺填</td><td>防渗体与地基（包括齿槽）、岸坡、溢洪道边墙、坝下埋管及混凝土齿墙等结合部位的土料铺填，无架空现象。土料厚度均匀，表面平整，无团块、无粗粒集中，边线整齐</td><td></td><td></td><td></td></tr>
<tr><td>2</td><td colspan="2">铺土厚度</td><td>铺土厚度均匀，符合设计要求，允许偏差为−5～0cm</td><td></td><td></td><td></td></tr>
<tr><td rowspan="2">3</td><td rowspan="2">铺填边线</td><td>人工施工</td><td>铺填边线应有一定宽裕度，压实削坡后坝体铺填边线满足0～+10cm</td><td></td><td></td><td></td></tr>
<tr><td>√机械施工</td><td>铺填边线应有一定宽裕度，压实削坡后坝体铺填边线满足0～+30cm</td><td></td><td></td><td></td></tr>
<tr><td colspan="2">施工单位自评意见</td><td colspan="6">主控项目检验结果全部符合合格质量标准，一般项目逐项检验点的合格率均大于或等于______%，且不合格点不集中分布。各项报验资料______SL 631标准要求。
工序质量等级评定为：______
质检员：（签字，加盖公章）
年 月 日</td></tr>
<tr><td colspan="2">监理单位复核意见</td><td colspan="6">经复核，主控项目检验结果全部符合合格质量标准，一般项目逐项检验点的合格率均大于或等于______%，且不合格点不集中分布。各项报验资料______SL 631标准要求。
工序质量等级核定为：______
监理工程师：（签字，加盖公章）
年 月 日</td></tr>
</table>

×××工程

表 7.2 土料填筑卸料及铺填工序施工质量验收评定表（实例）

<table>
<tr><td colspan="3">单位工程名称</td><td colspan="2">拦河坝工程</td><td>工序编号</td><td colspan="2">—</td></tr>
<tr><td colspan="3">分部工程名称</td><td colspan="2">心墙土方填筑</td><td>施工单位</td><td colspan="2">×××省水利水电工程局</td></tr>
<tr><td colspan="3">单元工程名称、部位</td><td colspan="2">心墙填筑
（桩号 0+300～0+500，
高程 50.00～50.30m）</td><td>施工日期</td><td colspan="2">2013 年 7 月 23—24 日</td></tr>
<tr><td colspan="2">项次</td><td colspan="2">检验项目</td><td>质量要求</td><td>检查（检测）记录</td><td>合格数</td><td>合格率/%</td></tr>
<tr><td rowspan="2">主控项目</td><td>1</td><td colspan="2">卸料</td><td>卸料、平料符合设计要求，均衡上升。施工面平整、土料分区清晰，上下层分段位置错开</td><td>倒退法卸料，土料分区清晰、上下层分段位置错开</td><td>—</td><td>100</td></tr>
<tr><td>2</td><td colspan="2">铺填</td><td>上下游坝坡铺填应有富裕量，防渗铺盖在坝体以内部分应与心墙或斜墙同时铺填。铺料表面应保持湿润，符合施工含水量</td><td>铺料表面湿润，符合施工含水量</td><td>—</td><td>100</td></tr>
<tr><td rowspan="4">一般项目</td><td>1</td><td colspan="2">结合部土料铺填</td><td>防渗体与地基（包括齿槽）、岸坡、溢洪道边墙、坝下埋管及混凝土齿墙等结合部位的土料铺填，无架空现象。土料厚度均匀，表面平整，无团块、无粗粒集中，边线整齐</td><td>溢洪道边墙铺料厚度均匀无架空，表面平整无团块，边线整齐，颗粒分布均匀</td><td>—</td><td>100</td></tr>
<tr><td>2</td><td colspan="2">铺土厚度(40cm)</td><td>铺土厚度均匀，符合设计要求，允许偏差为－5～0cm</td><td>39.5cm、40.0cm、39.8cm、39.6cm、39.7cm、40.3cm、39.8cm、39.9cm、40.0cm、39.6cm</td><td>9</td><td>90.0</td></tr>
<tr><td rowspan="2">3</td><td rowspan="2">铺填边线</td><td>人工施工</td><td>铺填边线应有一定宽裕度，压实削坡后坝体铺填边线满足 0～+10cm</td><td>—</td><td>—</td><td>—</td></tr>
<tr><td>√机械施工</td><td>铺填边线应有一定宽裕度，压实削坡后坝体铺填边线满足 0～+30cm</td><td>21.7cm、21.4cm、22.5cm、21.9cm、22.3cm、21.5cm、22.1cm、20.0cm、22.4cm、33.3cm</td><td>9</td><td>90.0</td></tr>
<tr><td colspan="2">施工单位自评意见</td><td colspan="6">主控项目检验结果全部符合合格质量标准，一般项目逐项检验点的合格率均大于或等于 90 %，且不合格点不集中分布。各项报验资料 符合 SL 631 标准要求。
工序质量等级评定为：优良
质检员：×××（签字，加盖公章）
2013 年 7 月 24 日</td></tr>
<tr><td colspan="2">监理单位复核意见</td><td colspan="6">经复核，主控项目检验结果全部符合合格质量标准，一般项目逐项检验点的合格率均大于或等于 90 %，且不合格点不集中分布。各项报验资料 符合 SL 631 标准要求。
工序质量等级核定为：优良
监理工程师：×××（签字，加盖公章）
××××年××月××日</td></tr>
</table>

表 7.2 土料填筑卸料及铺填工序施工质量验收评定表

填 表 说 明

填表时必须遵守“填表基本要求”，并符合下列要求。

1. 本填表说明适用于土料填筑卸料及铺填工序施工质量验收评定表的填写。

2. 单位工程、分部工程、单元工程名称及部位填写要与表 7 相同。

3. 工序编号：用于档案计算机管理，实例用“—”表示。

4. 检验（检测）项目的检验（检测）方法及数量和填表说明应按下表执行。

检验项目	检验方法	检验数量	填写说明
卸料	目测观察	作业面全数检查	填写卸料、平料是否符合设计要求，是否卸料、平料均衡上升。施工面是否平整、土料是否分区清晰，上下层分段位置错开
铺填	目测观察	作业面全数检查	填写上下游坝坡铺填是否有富裕量，防渗铺盖在坝体以内部分是否与心墙或斜墙同时铺填。铺料表面是否保持湿润，符合施工含水量
结合部土料铺填	目测观察	作业面全数检查	填写结合部防渗体与地基（包括齿槽）、岸坡、溢洪道边墙、坝下埋管及混凝土齿墙等结合部位的土料铺填，有无架空现象。填写土料厚度情况及表面是否平整，无团块、无粗粒集中，边线整齐
铺土厚度	水准仪测量	网格控制，每 $100m^2$ 为 1 个测点	直接填写铺土厚度检验成果记录（附检验成果记录）
铺填边线	测距仪测量	每条边线每 10 延米 1 个测点	直接填写铺料检验成果记录（附检验成果记录）

5. 工序质量要求。

（1）合格等级标准。

1）主控项目，检验结果应全部符合 SL 631 的要求。

2）一般项目，逐项应有 70%及以上的检验点合格，且不合格点不应集中。

3）各项报验资料应符合 SL 631 的要求。

（2）优良等级标准。

1）主控项目，检验结果应全部符合 SL 631 的要求。

2）一般项目，逐项应有 90%及以上的检验点合格，且不合格点不应集中。

3）各项报验资料应符合 SL 631 的要求。

6. 土料填筑卸料及铺填工序施工质量验收评定应包括下列资料。

（1）施工单位土料填筑卸料及铺填工序施工质量验收“三检”记录表。

（2）铺土厚度和铺料边线检验项目测量成果及原始测量记录。

（3）监理单位土料填筑卸料及铺填工序施工质量检验项目平行检测资料。

______________工程

表 7.3　土料填筑土料压实工序施工质量验收评定表（样表）

<table>
<tr><td colspan="5">单位工程名称</td><td colspan="2"></td><td colspan="1">工序编号</td><td colspan="2"></td></tr>
<tr><td colspan="5">分部工程名称</td><td colspan="2"></td><td colspan="1">施工单位</td><td colspan="2"></td></tr>
<tr><td colspan="5">单元工程名称、部位</td><td colspan="2"></td><td colspan="1">施工日期</td><td colspan="2">年　月　日— 　年　月　日</td></tr>
<tr><td colspan="2">项次</td><td colspan="3">检验项目</td><td colspan="2">质量要求</td><td>检查（检测）记录</td><td>合格数</td><td>合格率/%</td></tr>
<tr><td rowspan="6">主控项目</td><td>1</td><td colspan="3">碾压参数</td><td colspan="2">压实机具的型号、规格，碾压遍数、碾压速度、碾压振动频率、振幅，加水量应符合碾压试验</td><td></td><td></td><td></td></tr>
<tr><td rowspan="4">2</td><td rowspan="4">压实质量</td><td rowspan="2">1级、2级坝和高坝</td><td>压实度</td><td colspan="2">不低于98%，取样合格率不小于90%。不合格试样不应集中，且不低于压实度设计值的98%</td><td></td><td></td><td></td></tr>
<tr><td>最优含水率</td><td colspan="2">土料的含水量偏差应控制在−2%～+3%之间，取样合格率不小于90%</td><td></td><td></td><td></td></tr>
<tr><td rowspan="2">3级中低坝及3级以下中坝</td><td>压实度</td><td colspan="2">不低于96%，取样合格率不小于90%。不合格试样不应集中，且不低于压实度设计值的98%</td><td></td><td></td><td></td></tr>
<tr><td>最优含水率</td><td colspan="2">土料的含水量偏差应控制在−2%～+3%之间</td><td></td><td></td><td></td></tr>
<tr><td>3</td><td colspan="3">压实土料的渗透系数</td><td colspan="2">符合设计要求（≤1×10^{-5}）</td><td></td><td></td><td></td></tr>
<tr><td rowspan="3">一般项目</td><td rowspan="2">1</td><td colspan="3" rowspan="2">碾压搭接带宽度</td><td>垂直碾压方向</td><td>搭接宽度应为0.3～0.5m</td><td></td><td></td><td></td></tr>
<tr><td>顺碾压方向</td><td>搭接宽度应为1.0～1.5m</td><td></td><td></td><td></td></tr>
<tr><td>2</td><td colspan="3">碾压面处理</td><td colspan="2">碾压表面平整，无漏压，个别有弹簧、起皮、脱空、剪力破坏部位的处理符合设计要求</td><td></td><td></td><td></td></tr>
<tr><td>施工单位自评意见</td><td colspan="9">主控项目检验结果全部符合合格质量标准，一般项目逐项检验点的合格率均大于或等于________%，且不合格点不集中分布。各项报验资料________SL 631标准要求。
工序质量等级评定为：______
质检员：　　　（签字，加盖公章）
年　月　日</td></tr>
<tr><td>监理单位复核意见</td><td colspan="9">经复核，主控项目检验结果全部符合合格质量标准，一般项目逐项检验点的合格率均大于或等于______%，且不合格点不集中分布。各项报验资料______SL 631标准要求。
工序质量等级核定为：______
监理工程师：　　　（签字，加盖公章）
年　月　日</td></tr>
</table>

×××　　工程

表 7.3　　土料填筑土料压实工序施工质量验收评定表（实例）

<table>
<tr><td>单位工程名称</td><td colspan="5">拦河坝工程</td><td>工序编号</td><td colspan="2">—</td></tr>
<tr><td>分部工程名称</td><td colspan="5">心墙土方填筑</td><td>施工单位</td><td colspan="2">×××省水利水电工程局</td></tr>
<tr><td>单元工程名称、部位</td><td colspan="5">心墙填筑
(桩号 0+300～0+500，
高程 50.00～50.30m)</td><td>施工日期</td><td colspan="2">2013 年 7 月 25—26 日</td></tr>
<tr><td colspan="2">项次</td><td colspan="3">检验项目</td><td>质量要求</td><td>检查（检测）记录</td><td>合格数</td><td>合格率/%</td></tr>
<tr><td rowspan="6">主控项目</td><td>1</td><td colspan="3">碾压参数</td><td>压实机具的型号、规格，碾压遍数、碾压速度、碾压振动频率、振幅，加水量应符合碾压试验</td><td>现场采用自行式凸块振动碾静压 2 遍、振动压 6 遍，碾压速度 2km/h，碾压振动频率 30Hz 等参数均符合碾压试验确定参数值</td><td>—</td><td>100</td></tr>
<tr><td rowspan="4">2</td><td rowspan="4">压实质量</td><td rowspan="2">1 级、2 级坝和高坝</td><td>压实度</td><td>不低于 98%，取样合格率不小于 90%。不合格试样不应集中，且不低于压实度设计值的 98%</td><td>—</td><td>—</td><td>—</td></tr>
<tr><td>最优含水率</td><td>土料的含水量偏差应控制在 −2%～+3%之间，取样合格率不小于 90%</td><td>—</td><td>—</td><td>—</td></tr>
<tr><td rowspan="2">3 级中低坝及 3 级以下中坝</td><td>压实度</td><td>不低于 96%，取样合格率不小于 90%。不合格试样不应集中，且不低于压实度设计值的 98%</td><td>96.5%、96.4%、97.4%、97.8%、97.7%、98.0%、98.2%、96.6%、96.7%、97.3%</td><td>10</td><td>100</td></tr>
<tr><td>最优含水率</td><td>土料的含水量偏差应控制在 −2%～+3%之间（设计最优含水量 22%）</td><td>21%、20.6%、22%、21.8%、23%、23.2%、23.6%、24.5%、22.5%、22.3%</td><td>10</td><td>100</td></tr>
<tr><td>3</td><td colspan="3">压实土料的渗透系数</td><td>符合设计要求（≤1×10^{-5}）</td><td>—</td><td>—</td><td>—</td></tr>
<tr><td rowspan="3">一般项目</td><td rowspan="2">1</td><td colspan="3" rowspan="2">碾压搭接带宽度</td><td>垂直碾压方向：搭接宽度应为 0.3～0.5m</td><td>0.30m、0.35m、0.38m、0.39m、0.35m、0.28m、0.46m、0.50m、0.42m、0.45m</td><td>9</td><td>90.0</td></tr>
<tr><td>顺碾压方向：搭接宽度应为 1.0～1.5m</td><td>1.15m、1.14m、1.26m、1.18m、1.36m、1.27m、1.28m、1.52m、1.46m、1.47m</td><td>9</td><td>90.0</td></tr>
<tr><td>2</td><td colspan="3">碾压面处理</td><td>碾压表面平整，无漏压，个别有弹簧、起皮、脱空、剪力破坏部位的处理符合设计单位《施工技术要求》6.3.4 条要求</td><td>碾压表面平整，无漏压</td><td>9</td><td>90.0</td></tr>
<tr><td>施工单位自评意见</td><td colspan="8">主控项目检验结果全部符合合格质量标准，一般项目逐项检验点的合格率均大于或等于 <u>90</u> %，且不合格点不集中分布。各项报验资料 <u>符合</u> SL 631 标准要求。
工序质量等级评定为：<u>优良</u>
质检员：×××（签字，加盖公章）
2013 年 7 月 26 日</td></tr>
<tr><td>监理单位复核意见</td><td colspan="8">经复核，主控项目检验结果全部符合合格质量标准，一般项目逐项检验点的合格率均大于或等于 <u>90</u> %，且不合格点不集中分布。各项报验资料 <u>符合</u> SL 631 标准要求。
工序质量等级核定为：<u>优良</u>
监理工程师：×××（签字，加盖公章）
××××年××月××日</td></tr>
</table>

表 7.3　土料填筑土料压实工序施工质量验收评定表

填 表 说 明

填表时必须遵守“填表基本要求”，并符合下列要求。

1. 本填表说明适用于土料填筑土料压实工序施工质量验收评定表的填写。

2. 单位工程、分部工程、单元工程名称及部位填写要与表 7 相同。

3. 工序编号：用于档案计算机管理，实例用“—”表示。

4. 检验（检测）项目的检验（检测）方法及数量和填表说明应按下表执行。

检验项目	检 验 方 法	检验数量	填写说明
碾压参数	查阅试验报告、施工记录	每班至少检查 2 次	填写根据经监理工程师审核的碾压试验所确定的碾压参数配备碾压机械及碾压遍数
压实质量	取样试验，黏性土宜采用环刀法、核子水分密度仪。砾质土可采用挖坑灌砂（灌水）法，土质不均匀的黏性土和砾质土的压实度检测也可采用三点击实法	黏性土 1 次/(100～200m^3)，砾质土 1 次/(200～500m^3)	直接填写取样试验成果（附取样试验成果报告），取样试验数量应满足要求
碾压搭接带宽度	观察、量测	每条搭接带每个单元抽测 3 处	直接填写垂直和水平搭接检验结果
碾压面处理	现场观察、查阅施工记录	全数检查	填写碾压后作业面是否有漏压现象。描述对碾压面个别处有弹簧、起皮、脱空、剪力破坏部位是否进行处理

5. 工序质量要求。

（1）合格等级标准。

1）主控项目，检验结果应全部符合 SL 631 的要求。

2）一般项目，逐项应有 70%及以上的检验点合格，且不合格点不应集中。

3）各项报验资料应符合 SL 631 要求。

（2）优良等级标准。

1）主控项目，检验结果应全部符合 SL 631 的要求。

2）一般项目，逐项应有 90%及以上的检验点合格，且不合格点不应集中。

3）各项报验资料应符合 SL 631 的要求。

6. 土料填筑压实工序施工质量验收评定表应包括下列资料。

（1）施工单位土料填筑压实工序施工质量验收“三检”记录表。

（2）土料填筑压实试验成果报告。

（3）搭接作业检测数据。

（4）监理单位土料填筑压实工序施工质量检验项目平行检测资料。

________工程

表 7.4　　土料填筑接缝处理工序施工质量验收评定表（样表）

单位工程名称		工序编号	
分部工程名称		施工单位	
单元工程名称、部位		施工日期	年　月　日— 年　月　日

项次		检验项目	质量要求	检查（检测）记录	合格数	合格率/%
主控项目	1	接合坡面	斜墙和心墙内不应留有纵向接缝。防渗体及均质坝的横向接坡不应陡于1∶3，其高差应符合设计要求，与岸坡接合坡度应符合设计要求。均质坝纵向接缝斜坡坡度和平台宽度应满足稳定要求，平台间高差不大于15m			
	2	接合坡面碾压	接合坡面填土碾压密实，层面平整、无拉裂和起皮现象			
一般项目	1	接合坡面填土	填土质量符合设计要求，铺土均匀、表面平整，无团块、无风干			
	2	接合坡面处理	纵横接缝的坡面削坡、润湿、刨毛等处理符合设计要求			
施工单位自评意见	主控项目检验结果全部符合合格质量标准，一般项目逐项检验点的合格率均大于或等于________%，且不合格点不集中分布。各项报验资料________SL 631标准要求。 工序质量等级评定为：________ 质检员：　　　　（签字，加盖公章） 年　月　日					
监理单位复核意见	经复核，主控项目检验结果全部符合合格质量标准，一般项目逐项检验点的合格率均大于或等于________%，且不合格点不集中分布。各项报验资料________SL 631标准要求。 工序质量等级核定为：________ 监理工程师：　　　　（签字，加盖公章） 年　月　日					

×××　工程

表 7.4　　土料填筑接缝处理工序施工质量验收评定表（实例）

<table>
<tr><td colspan="3">单位工程名称</td><td>拦河坝工程</td><td>工序编号</td><td colspan="2">—</td></tr>
<tr><td colspan="3">分部工程名称</td><td>心墙土方填筑</td><td>施工单位</td><td colspan="2">×××省水利水电工程局</td></tr>
<tr><td colspan="3">单元工程名称、部位</td><td>心墙填筑
（桩号 0+300～0+500，高程 50.00～50.30m）</td><td>施工日期</td><td colspan="2">2013 年 7 月 26—27 日</td></tr>
<tr><td colspan="2">项次</td><td>检验项目</td><td>质量要求</td><td>检查（检测）记录</td><td>合格数</td><td>合格率/%</td></tr>
<tr><td rowspan="2">主控项目</td><td>1</td><td>接合坡面</td><td>斜墙和心墙内不应留有纵向接缝。防渗体及均质坝的横向接坡不应陡于 1∶3，其高差应符合设计要求，与岸坡接合坡度应符合设计要求。均质坝纵向接缝斜坡坡度和平台宽度应满足稳定要求，平台间高差不大于 15m</td><td>斜墙和心墙无纵向接缝，防渗体及均质坝横向接坡坡比 1∶5，高差 5m。平台间高差 5～7m</td><td>30</td><td>100</td></tr>
<tr><td>2</td><td>接合坡面碾压</td><td>接合坡面填土碾压密实，层面平整、无拉裂和起皮现象（设计压实度 0.96）</td><td>检测 20 组，检测结果 0.96～0.98</td><td>20</td><td>100</td></tr>
<tr><td rowspan="2">一般项目</td><td>1</td><td>接合坡面填土</td><td>填土质量符合设计单位《施工技术要求》2.5.6 条要求，铺土均匀、表面平整，无团块、无风干</td><td>土质经检测符合质量要求，铺土均匀、平整</td><td>2</td><td>100</td></tr>
<tr><td>2</td><td>接合坡面处理</td><td>纵横接缝的坡面削坡、润湿、刨毛等处理符合设计要求</td><td>纵横接缝接合坡面 3 处，削坡已按要求处理</td><td>30</td><td>90.0</td></tr>
<tr><td colspan="2">施工单位自评意见</td><td colspan="5">主控项目检验结果全部符合合格质量标准，一般项目逐项检验点的合格率均大于或等于 <u>90</u> %，且不合格点不集中分布。各项报验资料 <u>符合</u> SL 631 标准要求。
工序质量等级评定为：<u>优良</u>
质检员：×××（签字，加盖公章）
2013 年 7 月 28 日</td></tr>
<tr><td colspan="2">监理单位复核意见</td><td colspan="5">经复核，主控项目检验结果全部符合合格质量标准，一般项目逐项检验点的合格率均大于或等于 <u>90</u> %，且不合格点不集中分布。各项报验资料 <u>符合</u> SL 631 标准要求。
工序质量等级核定为：<u>优良</u>
监理工程师：×××（签字，加盖公章）
××××年××月××日</td></tr>
</table>

表 7.4　土料填筑接缝处理工序施工质量验收评定表

填　表　说　明

填表时必须遵守“填表基本要求”，并符合下列要求。

1. 本填表说明适用于土料填筑土料接缝处理工序施工质量验收评定表的填写。

2. 单位工程、分部工程、单元工程名称及部位填写要与表 7 相同。

3. 工序编号：用于档案计算机管理，实例用“—”表示。

4. 检验（检测）项目的检验（检测）方法及数量和填表说明应按下表执行。

检验项目	检验方法	检验数量	填写说明
接合坡面	目测观察、测量	每一接合坡面抽测 3 处	填写接合坡面位置
接合坡面碾压	目测观察、取样检验	每 10 延米取试样 1 个，如一层达不到 20 个试样，可多层累积统计；但每层不应少于 3 个试样	填写接合坡面填土碾压压实度检测结果
接合坡面填土	目测观察、取样检验	全数检查	填写有无漏压、过压现象
接合坡面处理	目测观察、布置方格网量测	每个单元不少于 30 个点	填写纵横接缝位置，是否处理及是否按要求处理

5. 工序质量要求。

（1）合格等级标准。

1）主控项目，检验结果应全部符合 SL 631 的要求。

2）一般项目，逐项应有 70%及以上的检验点合格，且不合格点不应集中。

3）各项报验资料应符合 SL 631 的要求。

（2）优良等级标准。

1）主控项目，检验结果应全部符合 SL 631 的要求。

2）一般项目，逐项应有 90%及以上的检验点合格，且不合格点不应集中。

3）各项报验资料应符合 SL 631 的要求。

6. 土料填筑土料接缝处理工序施工质量验收评定表应包括下列资料。

（1）施工单位土料填筑土料接缝处理工序施工质量验收“三检”记录表。

（2）监理单位土料填筑土料接缝处理工序施工质量检验项目平行检测资料。

______工程

表 8　　砂砾料填筑单元工程施工质量验收评定表（样表）

单位工程名称		单元工程量	
分部工程名称		施工单位	
单元工程名称、部位		施工日期	年 月 日— 年 月 日
项次	工序名称	工序施工质量验收评定等级	
1	砂砾料铺填		
2	△砂砾料压实		
施工单位自评意见	各工序施工质量全部合格，其中优良工序占____%，主要工序达到____等级。各项报验资料____SL 631 标准要求。 单元工程质量等级评定为：____ 质检员：（签字，加盖公章） 年 月 日		
监理单位复核意见	经抽检并查验相关检验报告和检验资料，各工序施工质量全部合格，其中优良工序占____%，主要工序达到____等级。各项报验资料____SL 631 标准要求。 单元工程质量等级核定为：____ 监理工程师：（签字，加盖公章） 年 月 日		
注：本表所填“单元工程量”不作为施工单位工程量结算计量的依据。			

___×××___工程

表8　　砂砾料填筑单元工程施工质量验收评定表（实例）

单位工程名称	拦河坝工程	单元工程量	$2540m^3$
分部工程名称	砂砾石填筑	施工单位	×××省水利水电工程局
单元工程名称、部位	坝体下游侧 （桩号0+300～0+500，高程65.00～65.60m）	施工日期	2013年8月10—16日

项次	工序名称	工序施工质量验收评定等级
1	砂砾料铺填	合格
2	△砂砾料压实	优良
施工单位自评意见	各工序施工质量全部合格，其中优良工序占___50___%，主要工序达到___优良___等级。各项报验资料___符合___SL 631标准要求。 单元工程质量等级评定为：___优良___ 质检员：×××（签字，加盖公章） 2013年8月16日	
监理单位复核意见	经抽检并查验相关检验报告和检验资料，各工序施工质量全部合格，其中优良工序占___50___%，主要工序达到___优良___等级。各项报验资料___符合___SL 631标准要求。 单元工程质量等级核定为：___优良___ 监理工程师：×××（签字，加盖公章） ××××年××月××日	
注：本表所填“单元工程量”不作为施工单位工程量结算计量的依据。		

表 8　砂砾料填筑单元工程施工质量验收评定表

填 表 说 明

填表时必须遵守“填表基本要求”，并符合下列要求。

1. 本填表说明适用于砂砾料填筑单元工程施工质量验收评定表的填写。适用于坝体（壳）砂砾料填筑工程。砂砾料的材料质量指标应符合设计要求。

砂砾料在铺填前，应进行碾压试验，以确定碾压方式及碾压质量控制参数。

2. 单元工程划分：以设计或施工铺填区段划分，每一区、段的每一铺填层划分为一个单元工程。

3. 砂砾料铺填施工单元工程宜分为砂砾料铺填、砂砾料压实 2 个工序，其中砂砾料压实工序为主要工序，用△标注。本表是在表 8.1、表 8.2 工序施工质量验收评定合格的基础上进行。

4. 单元工程量：填写本单元砂砾料填筑工程量（m^3）。

5. 单元工程质量要求。

（1）合格等级标准。

1）各工序施工质量验收评定应全部合格。

2）各项报验资料应符合 SL 631 的要求。

（2）优良等级标准。

1）各工序施工质量验收评定应全部合格，其中优良工序应达到 50%及以上，且主要工序应达到优良等级。

2）各项报验资料应符合 SL 631 的要求。

6. 砂砾料填筑单元工程施工质量验收评定表应包括下列资料。

（1）砂砾料铺填工序施工质量评定验收表，各项检验项目检验记录资料。

（2）土料填筑卸料及铺填工序施工质量评定验收表，各项检验项目检验记录资料及实体检验项目检验记录资料。

（3）砂砾料压实工序施工质量评定验收表，各项检验项目检验记录资料及实体检验项目检验记录资料。

（4）监理单位砂砾料铺填、砂砾料压实 2 个工序施工质量各检验项目平行检测资料。

________工程

表 8.1 砂砾料铺填工序施工质量验收评定表（样表）

<table>
<tr><td colspan="2">单位工程名称</td><td colspan="2"></td><td>工序编号</td><td colspan="2"></td></tr>
<tr><td colspan="2">分部工程名称</td><td colspan="2"></td><td>施工单位</td><td colspan="2"></td></tr>
<tr><td colspan="2">单元工程名称、部位</td><td colspan="2"></td><td>施工日期</td><td colspan="2">年　月　日— 年　月　日</td></tr>
<tr><td colspan="2">项次</td><td>检验项目</td><td>质量要求</td><td>检查（检测）记录</td><td>合格数</td><td>合格率/%</td></tr>
<tr><td rowspan="3">主控项目</td><td>1</td><td>铺料厚度</td><td>铺料层为砂砾石，碾压试验铺料层厚度为 80cm。厚度均匀，表面平整，边线整齐（铺料厚度允许偏差不大于 10%，且不应超厚）</td><td></td><td></td><td></td></tr>
<tr><td rowspan="2">2</td><td rowspan="2">岸坡接合处铺填</td><td>纵横向接合部应符合设计要求</td><td></td><td></td><td></td></tr>
<tr><td>岸坡接合处的填料不应分离、架空；检测点允许偏差 0～+10cm</td><td></td><td></td><td></td></tr>
<tr><td rowspan="2">一般项目</td><td>1</td><td>铺填层面外观</td><td>砂砾料铺填力求均衡上升，无团块、无粗粒集中</td><td></td><td></td><td></td></tr>
<tr><td>2</td><td>富裕铺填宽度</td><td>富裕铺填宽度满足削坡后压实质量要求。检测点允许偏差 0～+10cm</td><td></td><td></td><td></td></tr>
<tr><td colspan="2">施工单位自评意见</td><td colspan="5">主控项目检验结果全部符合合格质量标准，一般项目逐项检验点的合格率均大于或等于________%，且不合格点不集中分布。各项报验资料________SL 631 标准要求。
工序质量等级评定为：________
质检员：　　　（签字，加盖公章）
年　月　日</td></tr>
<tr><td colspan="2">监理单位复核意见</td><td colspan="5">经复核，主控项目检验结果全部符合合格质量标准，一般项目逐项检验点的合格率均大于或等于________%，且不合格点不集中分布。各项报验资料________SL 631 标准要求。
工序质量等级核定为：________
监理工程师：　　　（签字，加盖公章）
年　月　日</td></tr>
</table>

<u>×××</u> 工程

表 8.1　　砂砾料铺填工序施工质量验收评定表（实例）

<table>
<tr><td colspan="3">单位工程名称</td><td>拦河坝工程</td><td>工序编号</td><td colspan="2">—</td></tr>
<tr><td colspan="3">分部工程名称</td><td>砂砾石填筑</td><td>施工单位</td><td colspan="2">×××省水利水电工程局</td></tr>
<tr><td colspan="3">单元工程名称、部位</td><td>坝体下游侧
（桩号 0＋300～0＋500，高程 65.00～65.60m）</td><td>施工日期</td><td colspan="2">2013 年 8 月 10—13 日</td></tr>
<tr><td colspan="2">项次</td><td>检验项目</td><td>质量要求</td><td>检查（检测）记录</td><td>合格数</td><td>合格率/%</td></tr>
<tr><td rowspan="3">主控项目</td><td>1</td><td>铺料厚度</td><td>铺料层为砂砾石，碾压试验铺料层厚度为 80cm。厚度均匀，表面平整，边线整齐（铺料厚度允许偏差不大于 10%，且不应超厚）</td><td>78.5cm、75.6cm、79.2cm、76.2cm、77.5cm、78.8cm、77.6cm、79.8cm、78.5cm、78.1cm</td><td>10</td><td>100</td></tr>
<tr><td rowspan="2">2</td><td rowspan="2">岸坡接合处铺填</td><td>纵横向接合部应符合设计单位《施工技术要求》7.3.4 条要求</td><td>岸坡处未发现有倒坡，大径料集中在 2m 范围内，用较细砂砾石料（$d<200$mm）填筑</td><td>—</td><td>100</td></tr>
<tr><td>岸坡接合处的填料不应分离、架空；检测点允许偏差 0～＋10cm</td><td>砂砾料未出现分离、架空现象，对边角处加强压实。实测铺填量测偏差 5～7cm</td><td>30</td><td>100</td></tr>
<tr><td rowspan="2">一般项目</td><td>1</td><td>铺填层面外观</td><td>砂砾料铺填力求均衡上升，无团块、无粗粒集中</td><td>自卸汽车卸料，采用“进占法”卸料，堆料高度不大于 1.5m。填料的纵横坡部位，用台阶收坡法铺填均衡上升，局部有粗粒集中现象，已处理</td><td>—</td><td>92.0</td></tr>
<tr><td>2</td><td>富裕铺填宽度</td><td>富裕铺填宽度满足削坡后压实质量要求。检测点允许偏差 0～＋10cm</td><td>检测富裕铺填宽度 30 点，偏差 4～13cm（详见检验成果记录）</td><td>24</td><td>80.0</td></tr>
<tr><td colspan="2">施工单位自评意见</td><td colspan="5">主控项目检验结果全部符合合格质量标准，一般项目逐项检验点的合格率均大于或等于 <u>70</u> %，且不合格点不集中分布。各项报验资料 <u>符合</u> SL 631 标准要求。
工序质量等级评定为：<u>合格</u>
质检员：×××（签字，加盖公章）
2013 年 8 月 13 日</td></tr>
<tr><td colspan="2">监理单位复核意见</td><td colspan="5">经复核，主控项目检验结果全部符合合格质量标准，一般项目逐项检验点的合格率均大于或等于 <u>70</u> %，且不合格点不集中分布。各项报验资料 <u>符合</u> SL 631 标准要求。
工序质量等级核定为：<u>合格</u>
监理工程师：×××（签字，加盖公章）
××××年××月××日</td></tr>
</table>

表 8.1 砂砾料铺填工序施工质量验收评定表

填 表 说 明

填表时必须遵守“填表基本要求”，并符合下列要求。

1. 本填表说明适用于砂砾料铺填工序施工质量验收评定表的填写。

2. 单位工程、分部工程、单元工程名称及部位填写要与表 8 相同。

3. 工序编号：用于档案计算机管理，实例用“—”表示。

4. 检验（检测）项目的检验（检测）方法及数量和填表说明应按下表执行。

检验项目	检验方法	检验数量	填写说明
铺料厚度	按 20m×20m 方格网的角点为测点，定点水准仪测量	每个单元工程不少于 10 个点	铺料厚度系指推平后、碾压前的厚度。在铺好一层砂砾石料后，布点测量其压实前高程，以确定铺料厚度，铺料厚度满足方可碾压（直接填写检验数据）
岸坡接合处铺填	观察、量测	每条边线，每 10 延米量测 1 组	填写岸坡接合处铺填量测偏差值（附量测记录）
铺填层面外观	观察	全数检查	填写铺填层面有无均衡上升，有无团块及粗粒集中现象
富裕铺填宽度	观察、量测	每条边线，每 10 延米量测 1 组	直接填写铺填边线检验成果记录（附检验成果记录）

5. 工序质量要求。

（1）合格等级标准。

1）主控项目，检验结果应全部符合 SL 631 的要求。

2）一般项目，逐项应有 70%及以上的检验点合格，且不合格点不应集中。

3）各项报验资料应符合 SL 631 的要求。

（2）优良等级标准。

1）主控项目，检验结果应全部符合 SL 631 的要求。

2）一般项目，逐项应有 90%及以上的检验点合格，且不合格点不应集中。

3）各项报验资料应符合 SL 631 的要求。

6. 砂砾料铺填工序施工质量验收评定应提交下列资料。

（1）施工单位砂砾料铺填工序施工质量验收“三检”记录表。

（2）铺填厚度、铺填宽度测量成果表及测量原始记录。

（3）监理单位砂砾料铺填工序施工质量各检验项目平行检测资料。

________________工程

表 8.2　　砂砾料压实工序施工质量验收评定表（样表）

单位工程名称		工序编号	
分部工程名称		施工单位	
单元工程名称、部位		施工日期	年　月　日— 　年　月　日

项次		检验项目	质量要求	检查（检测）记录	合格数	合格率/%
主控项目	1	碾压参数	压实机具的型号、规格，碾压遍数、碾压速度、碾压振动频率、振幅，加水量应符合碾压试验			
	2	压实质量	相对密度不低于设计要求			
一般项目	1	压层表面质量	表面平整，无漏压、欠压，碾压后的表面平整度按0～＋10cm控制，出现超过0～＋10cm的不平整现象，重新推平表面进行铺压			
	2	断面尺寸	压实削坡后上、下游设计边坡超填值允许偏差－20～＋20cm			
			坝轴线与相邻坝料接合面距离的允许偏差－30～＋30cm			
施工单位自评意见	主控项目检验结果全部符合合格质量标准，一般项目逐项检验点的合格率均大于或等于________%，且不合格点不集中分布。各项报验资料________SL 631标准要求。 工序质量等级评定为：________ 质检员：　　　（签字，加盖公章） 年　月　日					
监理单位复核意见	经复核，主控项目检验结果全部符合合格质量标准，一般项目逐项检验点的合格率均大于或等于________%，且不合格点不集中分布。各项报验资料________SL 631标准要求。 工序质量等级核定为：________ 监理工程师：　　　（签字，加盖公章） 年　月　日					

<u>×××</u>工程

表 8.2 砂砾料压实工序施工质量验收评定表（实例）

<table>
<tr><td colspan="3">单位工程名称</td><td>拦河坝工程</td><td>工序编号</td><td colspan="2">—</td></tr>
<tr><td colspan="3">分部工程名称</td><td>砂砾石填筑</td><td>施工单位</td><td colspan="2">×××省水利水电工程局</td></tr>
<tr><td colspan="3">单元工程名称、部位</td><td>坝体下游侧
（桩号 0+300～0+500，
高程 65.00～65.60m）</td><td>施工日期</td><td colspan="2">2013 年 8 月 14—16 日</td></tr>
<tr><td colspan="2">项次</td><td>检验项目</td><td>质量要求</td><td>检查（检测）记录</td><td>合格数</td><td>合格率/%</td></tr>
<tr><td rowspan="2">主控项目</td><td>1</td><td>碾压参数</td><td>压实机具的型号、规格，碾压遍数、碾压速度、碾压振动频率、振幅，加水量应符合碾压试验</td><td>现场碾压设备采用一拖（洛阳）25T 自行试振动碾（LSS250 压路机）。碾压遍数 8 遍，碾压速度 2.5km/h，碾压振动频率 30Hz，振幅为 2/1 等参数均符合碾压试验确定的参数值</td><td>8</td><td>100</td></tr>
<tr><td>2</td><td>压实质量</td><td>相对密度不低于设计要求（设计值 0.80）</td><td>0.81、0.83、0.84、0.86、0.80、0.81、0.82、0.83、0.83、0.82</td><td>10</td><td>100</td></tr>
<tr><td rowspan="3">一般项目</td><td>1</td><td>压层表面质量</td><td>表面平整，无漏压、欠压，碾压后的表面平整度按 0～+10cm 控制，出现超过 0～+10cm 的不平整现象，重新推平表面进行铺压</td><td>9cm、2cm、5cm、4cm、8cm、<u>11</u>cm、4cm、3cm、6cm、7cm</td><td>9</td><td>90.0</td></tr>
<tr><td rowspan="2">2</td><td rowspan="2">断面尺寸：
上游 2.6m；
下游 2.8m；
接合面 5.0m</td><td>压实削坡后上、下游设计边坡超填值允许偏差 −20～+20cm</td><td>上游：2.79m、2.46m、2.53m、2.58m、2.69m、2.76m、2.76m、2.56m、2.63m、<u>2.88</u>m；
下游：2.92m、2.95m、2.93m、2.95m、2.87m、2.95m、2.87m、2.81m、2.90m、2.85m</td><td>19</td><td>95.5</td></tr>
<tr><td>坝轴线与相邻坝料接合面距离的允许偏差 −30～+30cm</td><td>5.29m、5.08m、4.81m、5.27m、5.04m、4.75m、4.80m、<u>4.68</u>m、5.13m、5.09m</td><td>9</td><td>90.0</td></tr>
<tr><td colspan="2">施工单位自评意见</td><td colspan="5">主控项目检验结果全部符合合格质量标准，一般项目逐项检验点的合格率均大于或等于 <u>90</u> %，且不合格点不集中分布。各项报验资料 <u>符合</u> SL 631 标准要求。
工序质量等级评定为：<u>优良</u>
质检员：×××（签字，加盖公章）
2013 年 8 月 16 日</td></tr>
<tr><td colspan="2">监理单位复核意见</td><td colspan="5">经复核，主控项目检验结果全部符合合格质量标准，一般项目逐项检验点的合格率均大于或等于 <u>90</u> %，且不合格点不集中分布。各项报验资料 <u>符合</u> SL 631 标准要求。
工序质量等级核定为：<u>优良</u>
监理工程师：×××（签字，加盖公章）
××××年××月××日</td></tr>
</table>

表 8.2　砂砾料压实工序施工质量验收评定表

填 表 说 明

填表时必须遵守“填表基本要求”，并符合下列要求。

1. 本填表说明适用于砂砾料压实工序施工质量验收评定表的填写。

2. 单位工程、分部工程、单元工程名称及部位填写要与表 8 相同。

3. 工序编号：用于档案计算机管理，实例用“—”表示。

4. 检验（检测）项目的检验（检测）方法及数量和填表说明应按下表执行。

检验项目	检验方法	检验数量	填写说明
碾压参数	按碾压试验报告检查、查阅施工记录	每班至少检查 2 次	填写根据经监理工程师审核的碾压试验所确定的碾压参数配备碾压机械及碾压遍数
压实质量	查阅施工记录、取样试验	按铺填 1000～5000m^3 取 1 个试样，但每层测点不少于 10 个点，渐至坝顶处每层或每个单元不宜少于 5 个点；测点中应至少有 1～2 个点分布在设计边坡线以内 30cm 处，或与岸坡接合处附近	直接填写取样试验成果（附取样试验成果报告），取样试验数量应满足要求
压层表面质量	观察	全数检查	填写压层表面是否平整，无漏压、欠压的现象，碾压后的表面平整度按 0～＋10cm 控制，出现超过 0～＋10cm的不平整现象，重新推平表面进行铺压（填写碾压后表面平整度实测值）
断面尺寸	测量检查	每层不少于 10 处	填写断面尺寸检验成果（附测量记录）

5. 工序质量要求。

（1）合格等级标准。

1）主控项目，检验结果应全部符合 SL 631 的要求。

2）一般项目，逐项应有 70％及以上的检验点合格，且不合格点不应集中。

3）各项报验资料应符合 SL 631 的要求。

（2）优良等级标准。

1）主控项目，检验结果应全部符合 SL 631 的要求。

2）一般项目，逐项应有 90％及以上的检验点合格，且不合格点不应集中。

3）各项报验资料应符合 SL 631 的要求。

6. 砂砾料压实工序施工质量验收评定应提交下列资料。

（1）施工单位砂砾料压实工序施工质量验收“三检”记录表。

（2）砂砾料压实碾压试验报告。

（3）砂砾料压实试验成果。

（4）砂砾料填筑断面尺寸测量成果表及测量原始记录。

（5）监理单位砂砾料压实工序施工质量各检验项目平行检测资料。

______________工程

表 9　　堆石料填筑单元工程施工质量验收评定表（样表）

单位工程名称		单元工程量	
分部工程名称		施工单位	
单元工程名称、部位		施工日期	年　月　日— 年　月　日
项次	工序名称	工序施工质量验收评定等级	
1	堆石料铺填		
2	△堆石料压实		
施工单位自评意见	各工序施工质量全部合格，其中优良工序占________%，主要工序达到________等级。各项报验资料________SL 631 标准要求。 单元工程质量等级评定为：________ 质检员：　　（签字，加盖公章） 年　月　日		
监理单位复核意见	经抽检并查验相关检验报告和检验资料，各工序施工质量全部合格，其中优良工序占________%，主要工序达到________等级。各项报验资料________SL 631 标准要求。 单元工程质量等级核定为：________ 监理工程师：　　（签字，加盖公章） 年　月　日		
注：本表所填“单元工程量”不作为施工单位工程量结算计量的依据。			

×××工程

表9 堆石料填筑单元工程施工质量验收评定表（实例）

<table>
<tr><td>单位工程名称</td><td colspan="2">拦河坝工程</td><td>单元工程量</td><td>2000m³</td></tr>
<tr><td>分部工程名称</td><td colspan="2">堆石料填筑</td><td>施工单位</td><td>×××省水利水电工程局</td></tr>
<tr><td>单元工程名称、部位</td><td colspan="2">坝体填筑
（桩号0+500～0+750，高程75.00～75.80m）</td><td>施工日期</td><td>2013年8月12—20日</td></tr>
<tr><td>项次</td><td colspan="2">工序名称</td><td colspan="2">工序施工质量验收评定等级</td></tr>
<tr><td>1</td><td colspan="2">堆石料铺填</td><td colspan="2">合格</td></tr>
<tr><td>2</td><td colspan="2">△堆石料压实</td><td colspan="2">优良</td></tr>
<tr><td></td><td colspan="2"></td><td colspan="2"></td></tr>
<tr><td></td><td colspan="2"></td><td colspan="2"></td></tr>
<tr><td>施工单位自评意见</td><td colspan="4">各工序施工质量全部合格，其中优良工序占 50 %，主要工序达到 优良 等级。各项报验资料 符合 SL 631标准要求。
单元工程质量等级评定为： 优良
质检员：×××（签字，加盖公章）
2013年8月20日</td></tr>
<tr><td>监理单位复核意见</td><td colspan="4">经抽检并查验相关检验报告和检验资料，各工序施工质量全部合格，其中优良工序占 50 %，主要工序达到 优良 等级。各项报验资料 符合 SL 631标准要求。
单元工程质量等级核定为： 优良
监理工程师：×××（签字，加盖公章）
××××年××月××日</td></tr>
<tr><td colspan="5">注：本表所填“单元工程量”不作为施工单位工程量结算计量的依据。</td></tr>
</table>

表9　堆石料填筑单元工程施工质量验收评定表

填　表　说　明

填表时必须遵守“填表基本要求”，并符合下列要求。

1. 本填表说明适用于堆石料填筑单元工程施工质量验收评定表的填写。堆石料的材料质量指标应符合设计要求。堆石料在铺填前，应进行碾压试验，以确定碾压方式及碾压质量控制参数。

2. 单元工程划分：以设计或施工铺填区段划分，每一区、段的每一铺填层划分为一个单元工程。

3. 堆石料铺填施工单元工程宜分为堆石料铺填、堆石料压实2个工序，其中堆石料压实工序为主要工序，用△标注。本表是在表9.1、表9.2工序施工质量验收评定合格的基础上进行。

4. 单元工程量：填写本单元工程堆石料填筑工程量（m^3）。

5. 单元工程质量要求。

（1）合格等级标准。

1）各工序施工质量验收评定应全部合格。

2）各项报验资料应符合SL 631的要求。

（2）优良等级标准。

1）各工序施工质量验收评定应全部合格，其中优良工序应达到50%及以上，且主要工序应达到优良等级。

2）各项报验资料应符合SL 631的要求。

6. 堆石料填筑单元工程施工质量验收评定表应包括下列资料。

（1）堆石料铺填工序施工质量验收评定表，各项检验项目检验记录资料。

（2）堆石料压实工序施工质量验收评定表，各项检验项目检验记录资料及实体检验项目检验记录资料。

（3）监理单位堆石料铺填、堆石料压实2个工序施工质量各检验项目平行检测资料。

7. 若本堆石料填筑单元工程在项目划分时确定为关键部位单元工程时，应按《水利水电工程施工检验与评定规程》（SL 176—2007）要求，另外需填写该规程附录1“关键部位单元工程质量等级签证表”，且提交此表附件资料。

________工程

表 9.1 堆石料铺填工序施工质量验收评定表（样表）

单位工程名称		工序编号	
分部工程名称		施工单位	
单元工程名称、部位		施工日期	年 月 日— 年 月 日

项次		检验项目	质量要求	检查（检测）记录	合格数	合格率/%
主控项目	1	铺料厚度	设计铺料厚度为100cm，允许偏差为铺料厚度的－10%～0，且每一层应有90%的测点达到规定的铺料厚度			
	2	接合部铺填	堆石料纵横向接合部位采用台阶收坡法。接合部位的石料无分离、架空现象			
一般项目	1	铺填层面外观	外观平整（平整度按铺料厚度的0～＋10%控制），分区均衡上升，大粒径料无集中现象			
施工单位自评意见		主控项目检验结果全部符合合格质量标准，一般项目逐项检验点的合格率均大于或等于______%，且不合格点不集中分布。各项报验资料______SL 631标准要求。 工序质量等级评定为：______ 质检员：（签字，加盖公章） 年 月 日				
监理单位复核意见		经复核，主控项目检验结果全部符合合格质量标准，一般项目逐项检验点的合格率均大于或等于______%，且不合格点不集中分布。各项报验资料______SL 631标准要求。 工序质量等级核定为：______ 监理工程师：（签字，加盖公章） 年 月 日				

×××____工程

表 9.1 堆石料铺填工序施工质量验收评定表（实例）

单位工程名称	拦河坝工程	工序编号	—
分部工程名称	堆石料填筑	施工单位	×××省水利水电工程局
单元工程名称、部位	坝体填筑（桩号 0+500～0+750，高程 75.00～75.80m）	施工日期	2013 年 8 月 12—15 日

项次		检验项目	质量要求	检查（检测）记录	合格数	合格率/%
主控项目	1	铺料厚度	设计铺料厚度为100cm，允许偏差为铺料厚度的－10%～0，且每一层应有90%的测点达到规定的铺料厚度	98.0cm、92.0cm、93.6cm、97.0cm、96.8cm、94.0cm、95.5cm、96.2cm、99.3cm、97.7cm、96.5cm、91.2cm、92.6cm、98.9cm、94.4cm、95.8cm、96.4cm、97.6cm、95.3cm、96.9cm	20	100
	2	接合部铺填	堆石料纵横向接合部位采用台阶收坡法，设计台阶宽度为80cm。接合部位的石料无分离、架空现象	现场检测堆石料纵横向接合部位采用台阶收坡法，台阶宽度大于80cm。岸坡及纵横接合部石料无分离、架空	—	100
一般项目	1	铺填层面外观	外观平整（平整度按铺料厚度的0～＋10%控制），分区均衡上升，大粒径料无集中现象	9.3cm、8.5cm、10.2cm、9.4cm、7.6cm、8.5cm、11.4cm、6.8cm、7.2cm、10.9cm、8.6cm、8.9cm、6.6cm、7.8cm、7.4cm、6.7cm、6.5cm、6.3cm、7.4cm、9.8cm	17	85.0
施工单位自评意见		主控项目检验结果全部符合合格质量标准，一般项目逐项检验点的合格率均大于或等于 70 %，且不合格点不集中分布。各项报验资料 符合 SL 631 标准要求。 工序质量等级评定为：合格 质检员：×××（签字，加盖公章） 2013 年 8 月 15 日				
监理单位复核意见		经复核，主控项目检验结果全部符合合格质量标准，一般项目逐项检验点的合格率均大于或等于 70 %，且不合格点不集中分布。各项报验资料 符合 SL 631 标准要求。 工序质量等级核定为：合格 监理工程师：×××（签字，加盖公章） ××××年××月××日				

表 9.1 堆石料铺填工序施工质量验收评定表

填 表 说 明

填表时必须遵守“填表基本要求”，并符合下列要求。

1. 本填表说明适用于堆石料铺填工序施工质量验收评定表的填写。

2. 单位工程、分部工程、单元工程名称及部位填写要与表 9 相同。

3. 工序编号：用于档案计算机管理，实例用“—”表示。

4. 检验（检测）项目的检验（检测）方法及数量和填表说明应按下表执行。

检验项目	检验方法	检验数量	填写说明
铺料厚度	方格网定点测量	每个单元的有效检测点总数不少于 20 个点	填写铺料厚度检测值
接合部铺填	观察、查阅施工记录	全数检查	填写堆石料纵横向接合部位铺料方式
铺填层面外观	观察	全数检查	填写铺填层面平整度实测值，铺填料有无均衡上升，有无团块及大粒径骨料集中现象

5. 工序质量要求。

(1) 合格等级标准。

1) 主控项目，检验结果应全部符合 SL 631 的要求。

2) 一般项目，逐项应有 70%及以上的检验点合格，且不合格点不应集中。

3) 各项报验资料应符合 SL 631 的要求。

(2) 优良等级标准。

1) 主控项目，检验结果应全部符合 SL 631 的要求。

2) 一般项目，逐项应有 90%及以上的检验点合格，且不合格点不应集中。

3) 各项报验资料应符合 SL 631 的要求。

6. 堆石料铺填工序施工质量验收评定应提交下列资料。

(1) 施工单位堆石料铺填工序施工质量验收“三检”记录表。

(2) 铺填厚度、测量成果表及测量原始记录，铺填平整度记录表。

(3) 监理单位堆石料铺填工序施工质量各检验项目平行检测资料。

______工程

表 9.2　堆石料压实工序施工质量验收评定表（样表）

<table>
<tr><td colspan="4">单位工程名称</td><td colspan="1"></td><td>工序编号</td><td colspan="3"></td></tr>
<tr><td colspan="4">分部工程名称</td><td colspan="1"></td><td>施工单位</td><td colspan="3"></td></tr>
<tr><td colspan="4">单元工程名称、部位</td><td colspan="1"></td><td>施工日期</td><td colspan="3">年　月　日— 　年　月　日</td></tr>
<tr><td colspan="2">项次</td><td colspan="3">检验项目</td><td>质量要求</td><td>检查（检测）记录</td><td>合格数</td><td>合格率/%</td></tr>
<tr><td rowspan="2">主控项目</td><td>1</td><td colspan="3">碾压参数</td><td>压实机具的型号、规格，碾压遍数、碾压速度、碾压振动频率、振幅，加水量应符合碾压试验</td><td></td><td></td><td></td></tr>
<tr><td>2</td><td colspan="3">压实质量</td><td>孔隙率不大于设计要求（≤25%）</td><td></td><td></td><td></td></tr>
<tr><td rowspan="5">一般项目</td><td>1</td><td colspan="3">压层表面质量</td><td>表面平整，无漏压、欠压</td><td></td><td></td><td></td></tr>
<tr><td rowspan="4">2</td><td rowspan="4">断面尺寸</td><td rowspan="2">下游坡铺填边线距坝轴线距离</td><td>√有护坡要求</td><td>符合设计要求，允许偏差为−20～+20cm</td><td></td><td></td><td></td></tr>
<tr><td>无护坡要求</td><td>符合设计要求，允许偏差为−30～+30cm</td><td></td><td></td><td></td></tr>
<tr><td colspan="2">过渡层与主堆石区分界线距坝轴线距离</td><td>符合设计要求，允许偏差为−30～+30cm</td><td></td><td></td><td></td></tr>
<tr><td colspan="2">垫层与过渡层分界线距坝轴线距离</td><td>符合设计要求，允许偏差为−10～0cm</td><td></td><td></td><td></td></tr>
<tr><td colspan="2">施工单位自评意见</td><td colspan="7">主控项目检验结果全部符合合格质量标准，一般项目逐项检验点的合格率均大于或等于______%，且不合格点不集中分布。各项报验资料______SL 631 标准要求。
工序质量等级评定为：______
质检员：　　　（签字，加盖公章）
年　月　日</td></tr>
<tr><td colspan="2">监理单位复核意见</td><td colspan="7">经复核，主控项目检验结果全部符合合格质量标准，一般项目逐项检验点的合格率均大于或等于______%，且不合格点不集中分布。各项报验资料______SL 631 标准要求。
工序质量等级核定为：______
监理工程师：　　　（签字，加盖公章）
年　月　日</td></tr>
</table>

＿×××＿工程

表 9.2　堆石料压实工序施工质量验收评定表（实例）

<table>
<tr><td colspan="4">单位工程名称</td><td colspan="2">**拦河坝工程**</td><td>工序编号</td><td colspan="2">—</td></tr>
<tr><td colspan="4">分部工程名称</td><td colspan="2">**堆石料填筑**</td><td>施工单位</td><td colspan="2">**×××省水利水电工程局**</td></tr>
<tr><td colspan="4">单元工程名称、部位</td><td colspan="2">**坝体填筑（桩号 0＋500～0＋750，高程 75.00～75.80m）**</td><td>施工日期</td><td colspan="2">**2013 年 8 月 15—20 日**</td></tr>
<tr><td colspan="2">项次</td><td colspan="3">检验项目</td><td>质量要求</td><td>检查（检测）记录</td><td>合格数</td><td>合格率/%</td></tr>
<tr><td rowspan="2">主控项目</td><td>1</td><td colspan="3">碾压参数</td><td>压实机具的型号、规格，碾压遍数、碾压速度、碾压振动频率、振幅，加水量应符合碾压试验</td><td>**现场碾压设备采用陕西（YZT20）自行式振动压路机。碾压采用直线形车往返错距式，重叠率为 20cm，碾压行车速度 2.8km/h，碾压振动频率 27.5Hz，振幅为 1.8mm，往返算一遍，静碾 2 遍，高档动碾 6 遍，碾压参数符合要求**</td><td>—</td><td>**100**</td></tr>
<tr><td>2</td><td colspan="3">压实质量</td><td>孔隙率不大于设计要求（≤25%）</td><td>**21.5%、21.8%、20.0%、21.2%、22.2%**</td><td>**5**</td><td>**100**</td></tr>
<tr><td rowspan="5">一般项目</td><td>1</td><td colspan="3">压层表面质量</td><td>表面平整，无漏压、欠压</td><td>**压层表面平整，无漏压，局部欠压**</td><td>—</td><td>**90.0**</td></tr>
<tr><td rowspan="4">2</td><td rowspan="4">断面尺寸</td><td rowspan="2">下游坡铺填边线距坝轴线距离</td><td>√有护坡要求</td><td>符合设计要求（60.0m），允许偏差为－20～＋20cm</td><td>**59.82m、59.87m、59.83m、59.90m、60.15m、60.05m、60.11m、60.10m、60.08m、59.77m**</td><td>**9**</td><td>**90.0**</td></tr>
<tr><td>无护坡要求</td><td>符合设计要求，允许偏差为－30～＋30cm</td><td>—</td><td>—</td><td>—</td></tr>
<tr><td colspan="2">过渡层与主堆石区分界线距坝轴线距离</td><td>符合设计要求（43.0m），允许偏差为－30～＋30cm</td><td>**43.15m、42.83m、42.85m、42.75m、42.68m、43.11m、43.24m、43.12m、42.98m、42.80m**</td><td>**9**</td><td>**90.0**</td></tr>
<tr><td colspan="2">垫层与过渡层分界线距坝轴线距离</td><td>符合设计要求（47.0m），允许偏差为－10～0cm</td><td>**46.95m、46.93m、47.00m、46.92m、46.90m、46.94m、46.94m、46.96m、46.98m、47.02m**</td><td>**9**</td><td>**90.0**</td></tr>
<tr><td colspan="2">施工单位自评意见</td><td colspan="7">主控项目检验结果全部符合合格质量标准，一般项目逐项检验点的合格率均大于或等于＿**90**＿%，且不合格点不集中分布。各项报验资料＿**符合**＿SL 631 标准要求。
工序质量等级评定为：＿**优良**＿
质检员：×××（签字，加盖公章）
2013 年 **8** 月 **20** 日</td></tr>
<tr><td colspan="2">监理单位复核意见</td><td colspan="7">经复核，主控项目检验结果全部符合合格质量标准，一般项目逐项检验点的合格率均大于或等于＿**90**＿%，且不合格点不集中分布。各项报验资料＿**符合**＿SL 631 标准要求。
工序质量等级核定为：＿**优良**＿
监理工程师：×××（签字，加盖公章）
××××年××月××日</td></tr>
</table>

表 9.2 堆石料压实工序施工质量验收评定表

填 表 说 明

填表时必须遵守“填表基本要求”，并符合下列要求。

1. 本填表说明适用于堆石料压实工序施工质量验收评定表的填写。碾压试验按照国家标准《碾压式土石坝施工规范》（DL/T 5129—2001）、《土工试验方法标准》（GB/T 50123—1999）及水利部行业标准《土工试验规程》（SL 237—1999）执行。密度检测采用有套环注水法方式进行。

2. 单位工程、分部工程、单元工程名称及部位填写要与表 9 相同。

3. 工序编号：用于档案计算机管理，实例用“—”表示。

4. 检验（检测）项目的检验（检测）方法及数量和填表说明应按下表执行。

检验项目	检验方法	检验数量	填写说明
碾压参数	按碾压试验报告检查、查阅施工记录	每班至少检查 2 次	填写根据经监理工程师审核的碾压试验所确定的碾压参数配备碾压机械及碾压遍数
压实质量	查阅施工记录、取样试验	主堆石区每 5000～50000m³ 取样 1 次，过渡层区每 1000～5000m³ 取样 1 次	直接填写取样试验成果（附取样试验成果报告），取样试验数量应满足要求
压层表面质量	观察	全数检查	填写压层表面是否平整，无漏压、欠压的现象
断面尺寸	测量检查	每层不少于 10 处	填写断面尺寸检验成果（附测量记录）

5. 工序质量要求。

（1）合格等级标准。

1）主控项目，检验结果应全部符合 SL 631 的要求。

2）一般项目，逐项应有 70%及以上的检验点合格，且不合格点不应集中。

3）各项报验资料应符合 SL 631 的要求。

（2）优良等级标准。

1）主控项目，检验结果应全部符合 SL 631 的要求。

2）一般项目，逐项应有 90%及以上的检验点合格，且不合格点不应集中。

3）各项报验资料应符合 SL 631 的要求。

6. 堆石料压实工序施工质量验收评定表应提交下列资料。

（1）施工单位堆石料压实工序施工质量验收“三检”记录表。

（2）堆石料压实试验成果报告。

（3）堆石料填筑断面尺寸测量成果表及测量原始记录。

（4）监理单位堆石料压实工序施工质量各检验项目平行检测资料。

__________工程

表10　反滤（过渡）料填筑单元工程施工质量验收评定表（样表）

单位工程名称			单元工程量	
分部工程名称			施工单位	
单元工程名称、部位			施工日期	年 月 日— 年 月 日
项次	工序名称		工序施工质量验收评定等级	
1	反滤（过渡）料铺填			
2	△反滤（过渡）料压实			
施工单位自评意见	各工序施工质量全部合格，其中优良工序占________%，主要工序达到________等级。各项报验资料________SL 631标准要求。 单元工程质量等级评定为：________ 质检员：（签字，加盖公章） 年 月 日			
监理单位复核意见	经抽检并查验相关检验报告和检验资料，各工序施工质量全部合格，其中优良工序占________%，且主要工序达到________等级。各项报验资料________SL 631标准要求。 单元工程质量等级核定为：________ 监理工程师：（签字，加盖公章） 年 月 日			
注：本表所填“单元工程量”不作为施工单位工程量结算计量的依据。				

____×××____工程

表10 反滤（过渡）料填筑单元工程施工质量验收评定表（实例）

<table>
<tr><td>单位工程名称</td><td colspan="2">**拦河坝工程**</td><td>单元工程量</td><td>**980m³**</td></tr>
<tr><td>分部工程名称</td><td colspan="2">**反滤料填筑**</td><td>施工单位</td><td>**×××省水利水电工程局**</td></tr>
<tr><td>单元工程名称、部位</td><td colspan="2">**反滤料填筑
（桩号0+000～0+150，
高程78.00～78.40m）**</td><td>施工日期</td><td>**2013年8月8—18日**</td></tr>
<tr><td>项次</td><td colspan="2">工序名称</td><td colspan="2">工序施工质量验收评定等级</td></tr>
<tr><td>1</td><td colspan="2">反滤（过渡）料铺填</td><td colspan="2">**合格**</td></tr>
<tr><td>2</td><td colspan="2">△反滤（过渡）料压实</td><td colspan="2">**优良**</td></tr>
<tr><td></td><td colspan="2"></td><td colspan="2"></td></tr>
<tr><td></td><td colspan="2"></td><td colspan="2"></td></tr>
<tr><td>施工单位
自评意见</td><td colspan="4">各工序施工质量全部合格，其中优良工序占__**50**__%，主要工序达到__**优良**__等级。各项报验资料__**符合**__SL 631标准要求。
单元工程质量等级评定为：__**优良**__
质检员：×××（签字，加盖公章）
2013年**8**月**19**日</td></tr>
<tr><td>监理单位
复核意见</td><td colspan="4">经抽检并查验相关检验报告和检验资料，各工序施工质量全部合格，其中优良工序占__**50**__%，且主要工序达到__**优良**__等级。各项报验资料__**符合**__SL 631标准要求。
单元工程质量等级核定为：__**优良**__
监理工程师：×××（签字，加盖公章）
××××年××月××日</td></tr>
<tr><td colspan="5">注：本表所填“单元工程量”不作为施工单位工程量结算计量的依据。</td></tr>
</table>

表10　反滤（过渡）料填筑单元工程施工质量验收评定表

填　表　说　明

填表时必须遵守"填表基本要求"，并符合下列要求。

1. 本填表说明适用反滤（过渡）料填筑单元工程施工质量验收评定表的填写。反滤料的材料质量指标应符合设计要求。反滤（过渡）料在铺填前，应进行碾压试验，以确定碾压方式及碾压质量控制参数。

2. 单元工程划分：以反滤层、过渡层工程施工的区、段、层划分，每一区、段的每一层划分为一个单元工程。

3. 单元工程量：填写本单元反滤（过渡）料填筑工程量（m^3）。

4. 反滤（过渡）料铺填单元工程宜分为反滤（过渡）料铺填、反滤（过渡）压实2个工序，其中反滤（过渡）料压实工序为主要工序，用△标注。本表是在表10.1、表10.2工序施工质量验收评定合格的基础上进行。

5. 单元工程质量要求。

(1) 合格等级标准。

1) 各工序施工质量验收评定应全部合格。

2) 各项报验资料应符合SL 631的要求。

(2) 优良等级标准。

1) 各工序施工质量验收评定应全部合格，其中优良工序应达到50%及以上，且主要工序应达到优良等级。

2) 各项报验资料应符合SL 631的要求。

6. 反滤（过渡）料填筑单元工程施工质量验收评定表应包括下列资料。

(1) 反滤（过渡）料铺填工序施工质量验收评定表，各项检验项目检验记录资料。

(2) 反滤（过渡）料压实工序施工质量验收评定表，各项检验项目检验记录资料及实体检验项目检验记录资料。

(3) 监理单位反滤（过渡）料铺填、反滤（过渡）料压实2个工序施工质量各检验项目平行检测资料。

7. 若本反滤（过渡）料填筑单元工程在项目划分时确定为关键部位单元工程时，应按《水利水电工程施工检验与评定规程》（SL 176—2007）要求，另外需填写该规程附录1"关键部位单元工程质量等级签证表"，且提交此表附件资料。

________工程

表 10.1 反滤（过渡）料铺填工序施工质量验收评定表（样表）

单位工程名称			工序编号			
分部工程名称			施工单位			
单元工程名称、部位			施工日期	年 月 日— 年 月 日		
项次		检验项目	质量要求	检查（检测）记录	合格数	合格率/%
主控项目	1	铺料厚度	铺料厚度，铺料均匀，不超厚，表面平整，边线整齐； 检测点允许偏差不大于铺料厚度的10%，且不应超厚			
主控项目	2	铺填位置	铺填位置准确，摊铺边线整齐（边线偏差为−5～+5cm）			
主控项目	3	接合部	纵横向符合设计要求，岸坡接合处的填料无分离、架空			
一般项目	1	铺填层面外观	铺填力求均衡上升，无团块、无粗粒集中			
一般项目	2	层间结合面	上下层间的结合面无泥土、杂物等			
施工单位自评意见	主控项目检验结果全部符合合格质量标准，一般项目逐项检验点的合格率均大于或等于________%，且不合格点不集中分布。各项报验资料________SL 631标准要求。 工序质量等级评定为：________ 质检员： （签字，加盖公章） 年 月 日					
监理单位复核意见	经复核，主控项目检验结果全部符合合格质量标准，一般项目逐项检验点的合格率均大于或等于________%，且不合格点不集中分布。各项报验资料________SL 631标准要求。 工序质量等级核定为：________ 监理工程师： （签字，加盖公章） 年 月 日					

×××工程

表 10.1 反滤（过渡）料铺填工序施工质量验收评定表（实例）

单位工程名称	拦河坝工程	工序编号	—
分部工程名称	**反滤料填筑**	施工单位	**×××省水利水电工程局**
单元工程名称、部位	**反滤料填筑（桩号 0+000～0+150，高程 78.00～78.40m）**	施工日期	**2013 年 8 月 8—14 日**

项次		检验项目	质量要求	检查（检测）记录	合格数	合格率/%
主控项目	1	铺料厚度	设计铺料厚度（40cm），铺料均匀，不超厚，表面平整，边线整齐； 检测点允许偏差不大于铺料厚度的 10%，且不应超厚	**38.0cm、39.1cm、39.6cm、38.4cm、38.6cm、38.7cm、38.8cm、38.2cm、39.0cm、38.6cm**	**10**	**100**
	2	铺填位置	铺填位置准确，摊铺边线整齐（边线偏差为−5～+5cm）	**铺填位置桩号 0+000～0+150，高程 78.4m；摊铺边线整齐，边线检查 30 个点，偏差值−3～+5cm**	**30**	**100**
	3	接合部	纵横向符合设计要求，岸坡接合处的填料无分离、架空	**岸坡接合处粗粒料在局部有集中现象已处理**	—	**100**
一般项目	1	铺填层面外观	铺填力求均衡上升，无团块、无粗粒集中	**接合部层面基本平整，分区能基本均衡上升，层面上的泥土、乱石及其他杂物清除干净**	—	**100**
	2	层间结合面	上下层间的结合面无泥土、杂物等	**反滤料铺筑均匀，结合面无泥土及杂物**	—	**100**
施工单位自评意见	主控项目检验结果全部符合合格质量标准，一般项目逐项检验点的合格率均大于或等于 **90** %，且不合格点不集中分布。各项报验资料 **符合** SL 631 标准要求。 工序质量等级评定为：**合格** 质检员：×××（签字，加盖公章） **2013 年 8 月 15 日**					
监理单位复核意见	经复核，主控项目检验结果全部符合合格质量标准，一般项目逐项检验点的合格率均大于或等于 **70** %，且不合格点不集中分布。各项报验资料 **符合** SL 631 标准要求。 工序质量等级核定为：**合格** 监理工程师：×××（签字，加盖公章） ××××年××月××日					

表 10.1 反滤（过渡）料铺填工序施工质量验收评定表

填 表 说 明

填表时必须遵守“填表基本要求”，并符合下列要求。

1. 本填表说明适用于反滤（过渡）料铺填工序施工质量验收评定表的填写。

2. 单位工程、分部工程、单元工程名称及部位填写要与表 10 相同。

3. 工序编号：用于档案计算机管理，实例用“—”表示。

4. 检验（检测）项目的检验（检测）方法及数量和填表说明应按下表执行。

检验项目	检验方法	检验数量	填写说明
铺料厚度	方格网定点测量	每个单元不少于 10 个点	填写铺料厚度检测值
铺填位置	观察、测量	每条边线，每 10 延米检测 1 组，每组 2 个点	填写铺填位置边线（包括桩号及高程），填写实测值（附检验记录或测量记录）
接合部	观察、查阅施工记录	全数检查	填写岸坡接合处的填料有无分离、架空现象，若有应进行处理
铺填层面外观	观察	全数检查	铺填力求均衡上升，无团块、无粗粒集中
层间结合面	观察	全数检查	填写上下层间的结合面有无泥土、杂物等

5. 工序质量要求。

(1) 合格等级标准。

1) 主控项目，检验结果应全部符合 SL 631 的要求。

2) 一般项目，逐项应有 70%及以上的检验点合格，且不合格点不应集中。

3) 各项报验资料应符合 SL 631 的要求。

(2) 优良等级标准。

1) 主控项目，检验结果应全部符合 SL 631 的要求。

2) 一般项目，逐项应有 90%及以上的检验点合格，且不合格点不应集中。

3) 各项报验资料应符合 SL 631 的要求。

6. 反滤（过渡）料铺填工序施工质量验收评定应提交下列资料。

(1) 施工单位反滤（过渡）料铺填工序施工质量验收“三检”记录表。

(2) 铺填厚度及铺填位置检验记录。

(3) 监理单位反滤（过渡）料铺填工序施工质量各检验项目平行检测资料。

________工程

表 10.2　反滤（过渡）料压实工序施工质量验收评定表（样表）

<table>
<tr><td colspan="3">单位工程名称</td><td colspan="2"></td><td>工序编号</td><td colspan="2"></td></tr>
<tr><td colspan="3">分部工程名称</td><td colspan="2"></td><td>施工单位</td><td colspan="2"></td></tr>
<tr><td colspan="3">单元工程名称、部位</td><td colspan="2"></td><td>施工日期</td><td colspan="2">年　月　日—　年　月　日</td></tr>
<tr><td colspan="2">项次</td><td>检验项目</td><td>质量要求</td><td colspan="2">检查（检测）记录</td><td>合格数</td><td>合格率/%</td></tr>
<tr><td rowspan="2">主控项目</td><td>1</td><td>碾压参数</td><td>压实机具的型号、规格，碾压遍数、碾压速度、碾压振动频率、振幅，加水量应符合碾压试验</td><td colspan="2"></td><td></td><td></td></tr>
<tr><td>2</td><td>压实质量</td><td>相对密实度不小于设计要求</td><td colspan="2"></td><td></td><td></td></tr>
<tr><td rowspan="2">一般项目</td><td>1</td><td>压层表面质量</td><td>表面平整，无漏压、欠压和出现弹簧土现象</td><td colspan="2"></td><td></td><td></td></tr>
<tr><td>2</td><td>断面尺寸</td><td>压实后的反滤层、过渡层的断面尺寸偏差值不大于设计厚度（100cm）的10%</td><td colspan="2"></td><td></td><td></td></tr>
<tr><td colspan="2">施工单位自评意见</td><td colspan="6">主控项目检验结果全部符合合格质量标准，一般项目逐项检验点的合格率均大于或等于________%，且不合格点不集中分布。各项报验资料________SL 631 标准要求。
工序质量等级评定为：________
质检员：　　（签字，加盖公章）
年　月　日</td></tr>
<tr><td colspan="2">监理单位复核意见</td><td colspan="6">经复核，主控项目检验结果全部符合合格质量标准，一般项目逐项检验点的合格率均大于或等于________%，且不合格点不集中分布。各项报验资料________SL 631 标准要求。
工序质量等级核定为：________
监理工程师：　　（签字，加盖公章）
年　月　日</td></tr>
</table>

×××　　工程

表 10.2　反滤（过渡）料压实工序施工质量验收评定表（实例）

<table>
<tr><td colspan="3">单位工程名称</td><td>拦河坝工程</td><td>工序编号</td><td colspan="2">—</td></tr>
<tr><td colspan="3">分部工程名称</td><td>反滤料填筑</td><td>施工单位</td><td colspan="2">×××省水利水电工程局</td></tr>
<tr><td colspan="3">单元工程名称、部位</td><td>反滤料填筑
（桩号 0＋000～0＋150，高程 78.00～78.40m）</td><td>施工日期</td><td colspan="2">2013 年 8 月 16—18 日</td></tr>
<tr><td colspan="2">项次</td><td>检验项目</td><td>质量要求</td><td>检查（检测）记录</td><td>合格数</td><td>合格率/%</td></tr>
<tr><td rowspan="2">主控项目</td><td>1</td><td>碾压参数</td><td>压实机具的型号、规格，碾压遍数、碾压速度、碾压振动频率、振幅，加水量应符合碾压试验</td><td>现场碾压设备采用陕西（YZT20）自行式振动压路机。碾压采用直线形车往返错距式，重叠率为 20cm，碾压行车速度 2.8km/h，碾压振动频率 27.5Hz，振幅为 1.8mm，往返算一遍，静碾 2 遍，高档动碾 6 遍，碾压参数符合要求</td><td>10</td><td>100</td></tr>
<tr><td>2</td><td>压实质量</td><td>相对密实度不小于设计要求（孔隙率≤22%）</td><td>检测 5 组，检测值 19.5%、21.5%、20.0%、21.2%、19.2%</td><td>5</td><td>100</td></tr>
<tr><td rowspan="2">一般项目</td><td>1</td><td>压层表面质量</td><td>表面平整，无漏压、欠压和出现弹簧土现象</td><td>无漏压或欠压，压层表面平整</td><td>—</td><td>95.0</td></tr>
<tr><td>2</td><td>断面尺寸</td><td>压实后的反滤层、过渡层的断面尺寸偏差值不大于设计厚度（100cm）的 10%</td><td>102cm、105cm、104cm、108cm、100cm、104cm、102cm、108cm、112cm、105cm</td><td>9</td><td>90.0</td></tr>
<tr><td colspan="2">施工单位自评意见</td><td colspan="5">主控项目检验结果全部符合合格质量标准，一般项目逐项检验点的合格率均大于或等于 90 %，且不合格点不集中分布。各项报验资料 符合 SL 631 标准要求。
工序质量等级评定为：优良
质检员：×××（签字，加盖公章）
2013 年 8 月 18 日</td></tr>
<tr><td colspan="2">监理单位复核意见</td><td colspan="5">经复核，主控项目检验结果全部符合合格质量标准，一般项目逐项检验点的合格率均大于或等于 90 %，且不合格点不集中分布。各项报验资料 符合 SL 631 标准要求。
工序质量等级核定为：优良
监理工程师：×××（签字，加盖公章）
××××年××月××日</td></tr>
</table>

表 10.2 反滤（过渡）料压实工序施工质量验收评定表

填 表 说 明

填表时必须遵守“填表基本要求”，并符合下列要求。

1. 本填表说明适用于反滤（过渡）料压实工序施工质量验收评定表的填写。

2. 单位工程、分部工程、单元工程名称及部位填写要与表 10 相同。

3. 工序编号：用于档案计算机管理，实例用“—”表示。

4. 检验（检测）项目的检验（检测）方法及数量和填表说明应按下表执行。

检验项目	检验方法	检验数量	填写说明
碾压参数	查阅试验报告、施工记录	每班至少检查 2 次	填写根据经监理工程师审核的碾压试验所确定的碾压参数配备碾压机械及碾压遍数
压实质量	试坑法	每 200～400m^3 检测 1 次，每个取样断面每层所取的样品不应少于 1 组	直接填写取样试验成果（附取样试验成果报告），取样试验数量应满足要求
压层表面质量	观察	全数检查	填写压层表面是否平整，无漏压、欠压的现象
断面尺寸	查阅施工记录、测量	每 100～200m^3 检测 1 组，或每 10 延米检测 1 组，每组不少于 2 个点	填写断面尺寸检验成果（附测量记录）

5. 工序质量要求。

(1) 合格等级标准。

1) 主控项目，检验结果应全部符合 SL 631 的要求。

2) 一般项目，逐项应有 70%及以上的检验点合格，且不合格点不应集中。

3) 各项报验资料应符合 SL 631 的要求。

(2) 优良等级标准。

1) 主控项目，检验结果应全部符合 SL 631 的要求。

2) 一般项目，逐项应有 90%及以上的检验点合格，且不合格点不应集中。

3) 各项报验资料应符合 SL 631 的要求。

6. 反滤（过渡）料压实工序施工质量验收评定应提交下列资料。

(1) 施工单位反滤（过渡）料压实工序施工质量验收“三检”记录表。

(2) 反滤（过渡）料压实试验成果报告。

(3) 反滤（过渡）料填筑断面尺寸测量记录。

(4) 监理单位反滤（过渡）料压实工序施工质量各检验项目平行检测资料。

____________工程

表 11　堆石坝垫层单元工程施工质量验收评定表（样表）

单位工程名称		单元工程量	
分部工程名称		施工单位	
单元工程名称、部位		施工日期	年　月　日— 年　月　日

项次	工序名称	工序施工质量验收评定等级
1	垫层料铺填	
2	△垫层料压实	
施工单位自评意见	各工序施工质量全部合格，其中优良工序占________%，主要工序达到________等级。各项报验资料________SL 631 标准要求。 单元工程质量等级评定为：________ 质检员：　　（签字，加盖公章） 年　月　日	
监理单位复核意见	经抽检并查验相关检验报告和检验资料，各工序施工质量全部合格，其中优良工序占________%，主要工序达到________等级。各项报验资料________SL 631 标准要求。 单元工程质量等级核定为：________ 监理工程师：　　（签字，加盖公章） 年　月　日	
注：本表所填“单元工程量”不作为施工单位工程量结算计量的依据。		

×××工程

表11　　堆石坝垫层单元工程施工质量验收评定表（实例）

<table>
<tr><td colspan="2">单位工程名称</td><td>拦河坝工程</td><td>单元工程量</td><td>垫层：2250m³，坡面保护：1500m²</td></tr>
<tr><td colspan="2">分部工程名称</td><td>混凝土面板工程</td><td>施工单位</td><td>×××省水利水电工程局</td></tr>
<tr><td colspan="2">单元工程名称、部位</td><td>垫层（桩号0+000～0+150，高程70.00～70.30m）</td><td>施工日期</td><td>2013年9月18日—10月8日</td></tr>
<tr><td>项次</td><td colspan="2">工序名称</td><td colspan="2">工序施工质量验收评定等级</td></tr>
<tr><td>1</td><td colspan="2">垫层料铺填</td><td colspan="2">合格</td></tr>
<tr><td>2</td><td colspan="2">△垫层料压实</td><td colspan="2">优良</td></tr>
<tr><td></td><td colspan="2"></td><td colspan="2"></td></tr>
<tr><td></td><td colspan="2"></td><td colspan="2"></td></tr>
<tr><td>施工单位自评意见</td><td colspan="4">各工序施工质量全部合格，其中优良工序占 50 %，主要工序达到 优良 等级。各项报验资料 符合 SL 631标准要求。
单元工程质量等级评定为： 优良
质检员：×××（签字，加盖公章）
2013年10月9日</td></tr>
<tr><td>监理单位复核意见</td><td colspan="4">经抽检并查验相关检验报告和检验资料，各工序施工质量全部合格，其中优良工序占 50 %，主要工序达到 优良 等级。各项报验资料 符合 SL 631标准要求。
单元工程质量等级核定为： 优良
监理工程师：×××（签字，加盖公章）
××××年××月××日</td></tr>
<tr><td colspan="5">注：本表所填“单元工程量”不作为施工单位工程量结算计量的依据。</td></tr>
</table>

表11　堆石坝垫层单元工程施工质量验收评定表

填 表 说 明

填表时必须遵守“填表基本要求”，并符合下列要求。

1. 本填表说明适用于堆石坝垫层填筑单元工程施工质量验收评定表的填写。

2. 单元工程划分：以垫层工程施工的区、段划分，每一区、段划分为一个单元工程。

3. 单元工程量：填写本单元垫层料工程量（m^3）。

4. 反滤（过渡）料铺填单元工程宜分为垫层料铺填、垫层料压实2个工序，其中垫层料压实工序为主要工序，用△标注。本表是在表11.1、表11.2工序施工质量验收评定合格的基础上进行。

5. 单元工程质量要求。

（1）合格等级标准。

1）各工序施工质量验收评定应全部合格。

2）各项报验资料应符合SL 631的要求。

（2）优良等级标准。

1）各工序施工质量验收评定应全部合格，其中优良工序应达到50%及以上，且主要工序应达到优良等级。

2）各项报验资料应符合SL 631的要求。

6. 堆石坝垫层填筑单元工程施工质量验收评定表应包括下列资料。

（1）堆石坝垫层铺填工序施工质量验收评定表，各项检验项目检验记录资料。

（2）垫层料压实工序施工质量验收评定表，各项检验项目检验记录资料及实体检验项目检验记录资料。

（3）监理单位堆石坝垫层料铺填、垫层料压实2个工序施工质量各检验项目平行检测资料。

7. 若本堆石坝垫层填筑单元工程在项目划分时确定为关键部位单元工程时，应按《水利水电工程施工检验与评定规程》（SL 176—2007）要求，另外需填写该规程附录1“关键部位单元工程质量等级签证表”，且提交此表附件资料。

______________工程

表 11.1　　垫层料铺填工序施工质量验收评定表（样表）

<table>
<tr><td colspan="4">单位工程名称</td><td></td><td>工序编号</td><td colspan="2"></td></tr>
<tr><td colspan="4">分部工程名称</td><td></td><td>施工单位</td><td colspan="2"></td></tr>
<tr><td colspan="4">单元工程名称、部位</td><td></td><td>施工日期</td><td colspan="2">年　月　日—　年　月　日</td></tr>
<tr><td colspan="2">项次</td><td colspan="2">检验项目</td><td>质量要求</td><td>检查（检测）记录</td><td>合格数</td><td>合格率/%</td></tr>
<tr><td rowspan="4">主控项目</td><td>1</td><td colspan="2">铺料厚度</td><td>铺料厚度，铺填均匀，不超厚。表面平整，边线整齐，检查点允许偏差为－3～＋3cm</td><td></td><td></td><td></td></tr>
<tr><td rowspan="2">2</td><td rowspan="2">铺填位置</td><td>垫层与过渡层分界线与坝轴线距离</td><td>符合设计要求，允许偏差为－10～0cm</td><td></td><td></td><td></td></tr>
<tr><td>垫层外坡线距坝轴线（碾压层）</td><td>符合设计要求，允许偏差为－5～＋5cm</td><td></td><td></td><td></td></tr>
<tr><td>3</td><td colspan="2">接合部</td><td>垫层摊铺顺序、纵横向接合部符合设计要求。岸坡接合处的填料不应分离、架空</td><td></td><td></td><td></td></tr>
<tr><td rowspan="3">一般项目</td><td>1</td><td colspan="2">铺填层面外观</td><td>铺填力求均衡上升，无团块、无粗粒集中</td><td></td><td></td><td></td></tr>
<tr><td>2</td><td colspan="2">接缝重叠宽度</td><td>接缝重叠宽度应符合设计要求，检查点允许偏差－10～＋10cm</td><td></td><td></td><td></td></tr>
<tr><td>3</td><td colspan="2">层间结合面</td><td>上下层间的结合面无撒入泥土、杂物等</td><td></td><td></td><td></td></tr>
<tr><td>施工单位自评意见</td><td colspan="7">主控项目检验结果全部符合合格质量标准，一般项目逐项检验点的合格率均大于或等于______%，且不合格点不集中分布。各项报验资料______SL 631 标准要求。
工序质量等级评定为：______
质检员：　　　（签字，加盖公章）
年　月　日</td></tr>
<tr><td>监理单位复核意见</td><td colspan="7">经复核，主控项目检验结果全部符合合格质量标准，一般项目逐项检验点的合格率均大于或等于______%，且不合格点不集中分布。各项报验资料______SL 631 标准要求。
工序质量等级核定为：______
监理工程师：　　　（签字，加盖公章）
年　月　日</td></tr>
</table>

×××工程

表 11.1　垫层料铺填工序施工质量验收评定表（实例）

单位工程名称	拦河坝工程	工序编号	—
分部工程名称	混凝土面板工程	施工单位	×××省水利水电工程局
单元工程名称、部位	垫层料（桩号 0+000～0+150，高程 70.00～70.40m）	施工日期	2013 年 9 月 18 日—10 月 3 日

项次		检验项目		质量要求	检查（检测）记录	合格数	合格率/%
主控项目	1	铺料厚度		设计铺料厚度 40cm，铺填均匀，不超厚。表面平整，边线整齐，检查点允许偏差为－3～＋3cm	铺料厚度检测 60 点，符合质量要求	60	100
	2	铺填位置	垫层与过渡层分界线与坝轴线距离	符合设计要求（45.50m），允许偏差为－10～0cm	实测值：45.42m、45.44m、45.45m、45.47m、45.41m、45.45m、45.47m、45.48m、45.43m、45.48m	10	100
			垫层外坡线距坝轴线（碾压层）	符合设计要求（48.50m），允许偏差为－5～＋5cm	实测值：48.47m、48.46m、48.53m、48.47m、48.52m、48.49m、48.47m、48.48m、48.47m、48.48m	10	100
	3	接合部		垫层摊铺顺序、纵横向接合部符合设计要求。岸坡接合处的填料不应分离、架空	垫层料摊铺顺序符合设计要求，与岸坡接合处无分离、架空现象	—	100
一般项目	1	铺填层面外观		铺填力求均衡上升，无团块、无粗粒集中	摊铺后边线整齐，表面平整无团块、无粗粒集中现象	—	100
	2	接缝重叠宽度		接缝重叠宽度应符合设计要求（50cm），检查点允许偏差－10～＋10cm	52.5cm、53.7cm、55.0cm、57.5cm、48.7cm、39.5cm、38.7cm、47.5cm、46.5cm、45.8cm	8	80.0
	3	层间结合面		上下层间的结合面无撒入泥土、杂物等	层面上的泥土、乱石及其他杂物清除干净	—	100
施工单位自评意见	主控项目检验结果全部符合合格质量标准，一般项目逐项检验点的合格率均大于或等于 70 %，且不合格点不集中分布。各项报验资料 符合 SL 631 标准要求。 工序质量等级评定为： 合格 质检员：×××（签字，加盖公章） 2013 年 10 月 4 日						
监理单位复核意见	经复核，主控项目检验结果全部符合合格质量标准，一般项目逐项检验点的合格率均大于或等于 70 %，且不合格点不集中分布。各项报验资料 符合 SL 631 标准要求。 工序质量等级核定为： 合格 监理工程师：×××（签字，加盖公章） ××××年××月××日						

表 11.1 垫层料铺填工序施工质量验收评定表

填 表 说 明

填表时必须遵守“填表基本要求”，并符合下列要求。

1. 本填表说明适用于垫层料铺填工序施工质量验收评定表的填写。

2. 单位工程、分部工程、单元工程名称及部位填写要与表 11 相同。

3. 工序编号：用于档案计算机管理，实例用“—”表示。

4. 检验（检测）项目的检验（检测）方法及数量和填表说明应按下表执行。

检验项目	检验方法	检验数量	填写说明
铺料厚度	方格网定点测量	铺料厚度按 10m×10m 网格布置测点，每个单元不少于 4 个点	填写铺料厚度检测值（附检测记录）
铺填位置	测量	每个单元不少于 10 处	填写铺填位置检测值（附检测记录）
接合部	观察、查阅施工记录	全数检查	填写岸坡接合处的填料有无分离、架空现象
铺填层面外观	观察	全数检查	铺填均衡上升，无团块、无粗粒料集中
接缝重叠宽度	查阅施工记录、量测	每 10 延米检测 1 组，每组 2 个点	填写量测值
层间结合面	观察	全数检查	上下层间的结合面无撒入泥土、杂物
注：铺料厚度是指推平后、碾压前的厚度。			

5. 工序质量要求。

(1) 合格等级标准。

1) 主控项目，检验结果应全部符合 SL 631 的要求。

2) 一般项目，逐项应有 70%及以上的检验点合格，且不合格点不应集中。

3) 各项报验资料应符合 SL 631 的要求。

(2) 优良标准。

1) 主控项目，检验结果应全部符合 SL 631 的要求。

2) 一般项目，逐项应有 90%及以上的检验点合格，且不合格点不应集中。

3) 各项报验资料应符合 SL 631 的要求。

6. 垫层料铺填工序施工质量验收评定应提交下列资料。

(1) 施工单位垫层料铺填工序施工质量验收“三检”记录表。

(2) 铺填厚度、铺填位置、宽度检验记录。

(3) 监理单位垫层料铺填工序施工质量各检验项目平行检测资料。

＿＿＿＿工程

表 11.2　垫层料压实工序施工质量验收评定表（样表）

<table>
<tr><td colspan="5">单位工程名称</td><td></td><td>工序编号</td><td colspan="2"></td></tr>
<tr><td colspan="5">分部工程名称</td><td></td><td>施工单位</td><td colspan="2"></td></tr>
<tr><td colspan="5">单元工程名称、部位</td><td></td><td>施工日期</td><td colspan="2">年　月　日—　年　月　日</td></tr>
<tr><td colspan="2">项次</td><td colspan="3">检验项目</td><td>质量要求</td><td>检查（检测）记录</td><td>合格数</td><td>合格率/%</td></tr>
<tr><td rowspan="2">主控项目</td><td>1</td><td colspan="3">碾压参数</td><td>压实机具的型号、规格，碾压遍数、碾压速度、碾压振动频率、振幅，加水量应符合碾压试验</td><td></td><td></td><td></td></tr>
<tr><td>2</td><td colspan="3">压实质量</td><td>压实度（或相对密实度）不低于设计要求（孔隙率≤20%）</td><td></td><td></td><td></td></tr>
<tr><td rowspan="15">一般项目</td><td>1</td><td colspan="3">压层表面质量</td><td>层面平整，无漏压、欠压，各碾压段之间的搭接不小于1.0m</td><td></td><td></td><td></td></tr>
<tr><td>2</td><td rowspan="14">垫层坡面保护</td><td colspan="2">保护层材料</td><td>满足设计要求</td><td></td><td></td><td></td></tr>
<tr><td>3</td><td colspan="2">配合比</td><td>满足设计要求</td><td></td><td></td><td></td></tr>
<tr><td rowspan="5">4</td><td rowspan="5">碾压水泥砂浆</td><td>铺料厚度（12cm）</td><td>设计厚度允许偏差－3～＋3cm</td><td></td><td></td><td></td></tr>
<tr><td>摊铺每条幅宽度大于等于4m</td><td>允许偏差0～＋10cm</td><td></td><td></td><td></td></tr>
<tr><td>碾压方法及遍数</td><td>满足设计要求</td><td></td><td></td><td></td></tr>
<tr><td>碾压后砂浆表面平整度</td><td>偏离设计线－8～＋5cm</td><td></td><td></td><td></td></tr>
<tr><td>砂浆初凝前应碾压完毕，终凝后洒水养护</td><td>满足设计要求</td><td></td><td></td><td></td></tr>
<tr><td rowspan="4">5</td><td rowspan="4">喷射混凝土或水泥砂浆</td><td>喷层厚度偏离设计线</td><td>－5～＋5cm</td><td></td><td></td><td></td></tr>
<tr><td>喷层施工工艺</td><td>满足设计要求</td><td></td><td></td><td></td></tr>
<tr><td>喷层表面平整度</td><td>0～＋3cm</td><td></td><td></td><td></td></tr>
<tr><td>喷层终凝后洒水养护</td><td>满足设计要求</td><td></td><td></td><td></td></tr>
<tr><td rowspan="3">6</td><td rowspan="3">阳离子乳化沥青</td><td>喷涂层数</td><td>满足设计要求</td><td></td><td></td><td></td></tr>
<tr><td>喷涂间隔时间</td><td>不小于24h或满足设计要求</td><td></td><td></td><td></td></tr>
<tr><td>喷涂前应清除坡面浮尘，喷涂后随即均匀撒砂</td><td>满足设计要求</td><td></td><td></td><td></td></tr>
<tr><td>施工单位自评意见</td><td colspan="8">主控项目检验结果全部符合合格质量标准，一般项目逐项检验点的合格率均大于或等于＿＿＿＿%，且不合格点不集中分布。各项报验资料＿＿＿＿SL 631标准要求。
工序质量等级评定为：＿＿＿＿
质检员：　　（签字，加盖公章）
年　月　日</td></tr>
<tr><td>监理单位复核意见</td><td colspan="8">经复核，主控项目检验结果全部符合合格质量标准，一般项目逐项检验点的合格率均大于或等于＿＿＿＿%，且不合格点不集中分布。各项报验资料＿＿＿＿SL 631标准要求。
工序质量等级核定为：＿＿＿＿
监理工程师：　　（签字，加盖公章）
年　月　日</td></tr>
</table>

×××工程

表 11.2　垫层料压实工序施工质量验收评定表（实例）

单位工程名称	拦河坝工程	工序编号	—
分部工程名称	混凝土面板工程	施工单位	×××省水利水电工程局
单元工程名称、部位	垫层料（桩号 0+000～0+150，高程 70.00～70.30m）	施工日期	2013 年 10 月 4—8 日

项次		检验项目			质量要求	检查（检测）记录	合格数	合格率/%
主控项目	1	碾压参数			压实机具的型号、规格，碾压遍数、碾压速度、碾压振动频率、振幅，加水量应符合碾压试验	现场碾压设备采用 YZ20JC 自行式振动压路机。碾压采用直线形车往返错距式，重叠率为 20cm，碾压行车速度 2.8km/h，碾压振动频率 27.5Hz，振幅为 1.8mm，往返算一遍，静碾 2 遍，高档动碾 6 遍的碾压参数	10	100
主控项目	2	压实质量			压实度（或相对密实度）不低于设计要求（孔隙率≤20%）	检测 3 组，检测值 18.5%、17.2%、16.0%	3	100
一般项目	1	压层表面质量			层面平整，无漏压、欠压，各碾压段之间的搭接不小于 1.0m	无漏压或欠压，压层表面平整	—	100
一般项目	2	垫层坡面保护	保护层材料		满足设计单位《施工技术要求》8.2.6 条要求	垫层材料为碾压水泥砂浆，经试验抽检垫层材料符合设计要求	—	100
一般项目	3	垫层坡面保护	配合比		满足设计单位《施工技术要求》8.2.7 条要求	试验配合比 M7.5	—	100
一般项目	4	垫层坡面保护	碾压水泥砂浆	铺料厚度（12cm）	设计厚度允许偏差为－3～＋3cm	14.4cm、13.5cm、12.5cm、15.2cm、13.8cm、14.2cm、11.5cm、11.8cm、12.6cm	8	88.9
一般项目	4	垫层坡面保护	碾压水泥砂浆	摊铺每条幅宽度大于等于 4m	允许偏差 0～＋10cm	检测 30 组，27 组合格	27	90.0
一般项目	4	垫层坡面保护	碾压水泥砂浆	碾压方法及遍数	满足设计单位《施工技术要求》8.3.5 条要求	碾压方法及遍数满足碾压试验要求	—	95.0
一般项目	4	垫层坡面保护	碾压水泥砂浆	碾压后砂浆表面平整度	偏离设计线－8～＋5cm	4.2cm、2.5cm、1.2cm、6.5cm、－1.5cm、－3.2cm、－4.1cm、－4.8cm、5.6cm、0.2cm	8	80.0
一般项目	4	垫层坡面保护	碾压水泥砂浆	砂浆初凝前应碾压完毕，终凝后洒水养护	满足设计单位《施工技术要求》8.6.2 条要求	碾压在砂浆初凝前完成，终凝后及时进行了养护	—	100
一般项目	5	垫层坡面保护	喷射混凝土或水泥砂浆	喷层厚度偏离设计线	－5～＋5cm	—	—	—
一般项目	5	垫层坡面保护	喷射混凝土或水泥砂浆	喷层施工工艺	满足设计要求	—	—	—
一般项目	5	垫层坡面保护	喷射混凝土或水泥砂浆	喷层表面平整度	0～＋3cm	—	—	—
一般项目	5	垫层坡面保护	喷射混凝土或水泥砂浆	喷层终凝后洒水养护	满足设计要求	—	—	—
一般项目	6	垫层坡面保护	阳离子乳化沥青	喷涂层数	满足设计要求	—	—	—
一般项目	6	垫层坡面保护	阳离子乳化沥青	喷涂间隔时间	不小于 24h 或满足设计要求	—	—	—
一般项目	6	垫层坡面保护	阳离子乳化沥青	喷涂前应清除坡面浮尘，喷涂后随即均匀撒砂	满足设计要求	—	—	—
施工单位自评意见	主控项目检验结果全部符合合格质量标准，一般项目逐项检验点的合格率均大于或等于 70 %，且不合格点不集中分布。各项报验资料 符合 SL 631 标准要求。 工序质量等级评定为：合格 质检员：×××（签字，加盖公章） 2013 年 10 月 8 日							
监理单位复核意见	经复核，主控项目检验结果全部符合合格质量标准，一般项目逐项检验点的合格率均大于或等于 70 %，且不合格点不集中分布。各项报验资料 符合 SL 631 标准要求。 工序质量等级核定为：合格 监理工程师：×××（签字，加盖公章） ××××年××月××日							

表 11.2 垫层料压实工序施工质量验收评定表

填 表 说 明

填表时必须遵守“填表基本要求”，并符合下列要求。

1. 本填表说明适用于垫层料压实工序施工质量验收评定表的填写。
2. 单位工程、分部工程、单元工程名称及部位填写要与表 11 相同。
3. 工序编号：用于档案计算机管理，实例用“—”表示。
4. 检验（检测）项目的检验（检测）方法及数量和填表说明应按下表执行。

检验项目			检验方法	检验数量	填写说明
碾压参数			查阅试验报告、施工记录	每班至少检查 2 次	填写根据经监理工程师审核的碾压试验所确定的碾压参数配备碾压机械及碾压遍数
压实质量			查阅施工记录、观察，试坑法测定，试坑均匀分布于断面	水平面按每 500～1000m³ 检测 1 次，但每个单元取样不应少于 3 次；斜坡面按每 1000～2000m³ 检测 1 次	直接填写取样试验成果（附取样试验成果报告），取样试验数量一定满足要求
压层表面质量			观察	全数检查	填写压层表面是否平整，无漏压、欠压的现象
垫层坡面保护	保护层材料		取样抽验	每批次或每单位工程取样 3 组	填写抽样试验结果符合设计要求
	配合比		取样抽验	每种配合比至少取样 1 组	填写按具体配合比施工
	碾压水泥砂浆	铺料厚度	拉线测量	沿坡面按 20m×20m 网格布置测点	填写厚度检测结果（附检验记录）
		摊铺幅宽度	拉线测量	每 10 延米检测 2 组	填写厚度检测结果
		碾压方法及遍数	观察、查阅施工记录	全数检查	描述碾压方法及遍数
		碾压后砂浆表面平整度	拉线测量	沿坡面按 20m×20m 网格布置测点	填写平整度检测值
		砂浆初凝前应碾压完毕，终凝后洒水养护	观察、查阅施工记录	全数检查	填写碾压在砂浆初凝前完成，终凝后洒水养护
	喷射混凝土或水泥砂浆	喷层厚度偏离设计线	拉线测量	沿坡面按 20m×20m 网格布置测点	垫层坡面保护的三种类型中选择一种填写
		喷层施工工艺	观察、查阅施工记录	全数检查	
		喷层表面平整度	拉线测量	沿坡面按 20m×20m 网格布置测点	
		喷层终凝后洒水养护	观察、查阅施工记录	全数检查	
	阳离子乳化沥青	喷涂层数	查阅施工记录	全数检查	垫层坡面保护的三种类型中选择一种填写
		喷涂间隔时间			
		喷涂前应清除坡面浮尘，喷涂后随即均匀撒砂			

5. 工序质量要求。

(1) 合格等级标准。

1) 主控项目，检验结果应全部符合 SL 631 的要求。

2) 一般项目，逐项应有 70%及以上的检验点合格，且不合格点不应集中。

3) 各项报验资料应符合 SL 631 的要求。

(2) 优良等级标准。

1) 主控项目，检验结果应全部符合 SL 631 的要求。

2) 一般项目，逐项应有 90%及以上的检验点合格，且不合格点不应集中。

3) 各项报验资料应符合 SL 631 的要求。

6. 垫层料压实工序施工质量验收评定应提交下列资料。

(1) 施工单位垫层料压实工序施工质量验收“三检”记录表。

(2) 垫层压实试验成果报告。

(3) 监理单位垫层料压实工序施工质量各检验项目平行检测资料。

______________工程

表 12　排水单元工程施工质量验收评定表（样表）

单位工程名称					单元工程量		
分部工程名称					施工单位		
单元工程名称、部位					施工日期	年　月　日— 年　月　日	
项次		检验项目		质量要求	检查（检测）记录	合格数	合格率/%
主控项目	1	结构型式		排水体结构型式（内坡 1∶1，外坡 1∶2，棱体顶宽 2m，高 4m），纵横向接头处理，排水体的纵坡及防冻保护措施等应满足设计要求			
	2	压实质量		无漏压、欠压，相对密实度或孔隙率应满足设计要求			
一般项目	1	排水设施位置		排水体位置准确，基底高程、中（边）线偏差为－3～＋3cm			
	2	接合面处理		层面接合良好，与岸坡接合处的填料无分离、架空现象，无水平通缝。靠近反滤层的石料为内小外大，堆石接缝为逐层错缝，不应垂直相接，表面的砌石为平砌，平整美观			
	3	排水材料摊铺		摊铺边线整齐，厚度均匀，表面平整，无团块、粗粒集中现象；检测点允许偏差为－3～＋3cm			
	4	排水体结构外轮廓尺寸		压实后排水体结构外轮廓尺寸应不小于设计尺寸的 10%			
	5	排水体外观	表面平整度	符合设计要求。干砌：允许偏差为－5～＋5cm；浆砌：允许偏差为－3～＋3cm			
			顶高程	符合设计要求。干砌：允许偏差为－5～＋5cm；浆砌：允许偏差为－3～＋3cm			
施工单位自评意见	主控项目检验结果全部符合合格质量标准，一般项目逐项检验点的合格率均大于或等于________%，且不合格点不集中分布。各项报验资料________SL 631 标准要求。 单元工程质量等级评定为：________ 质检员：　　（签字，加盖公章） 年　月　日						
监理单位复核意见	经复核，主控项目检验结果全部符合合格质量标准，一般项目逐项检验点的合格率均大于或等于________%，且不合格点不集中分布。各项报验资料________SL 631 标准要求。 单元工程质量等级核定为：________ 监理工程师：　　（签字，加盖公章） 年　月　日						

×××　工程

表 12　排水单元工程施工质量验收评定表（实例）

单位工程名称	土石坝工程	单元工程量	$2000m^3$
分部工程名称	排水棱体工程	施工单位	×××省水利水电工程局
单元工程名称、部位	排水工程（桩号 2+000～2+050）	施工日期	2013 年 9 月 2—20 日

项次		检验项目	质量要求	检查（检测）记录	合格数	合格率/%
主控项目	1	结构型式	排水体结构型式（内坡 1∶1，外坡 1∶2，棱体顶宽 2m，高 4m），纵横向接头处理，排水体的纵坡及防冻保护措施等应满足设计要求	排水棱体结构形式为内坡 1∶1，外坡 1∶2，棱体顶宽 2m，高 4m，棱体内填筑堆石，外干砌石，横向接头填筑粒径较小。所用石料质地坚硬，其抗冻性、抗压强度满足设计要求，细粒含量和含泥量不超出设计允许范围	—	100
主控项目	2	压实质量	无漏压、欠压，相对密实度或孔隙率应满足设计要求（设计相对密度为 0.65）	无漏压、欠压现象，分层填筑，每层取样 1 组，经检验，相对密实度满足设计要求。实测值为 0.65、0.66、0.65、0.67、0.65、0.65	6	100
一般项目	1	排水设施位置	排水体位置准确，基底高程、中（边）线偏差为－3～＋3cm	排水体位置准确，基底高程、中（边）线共取 5 组，每组 3 个点。偏差值为：高程－1cm、0cm、0cm、1cm、2cm；中线：2cm、3cm、4cm、－3cm、－3cm、－2cm、3cm、3cm、2cm、2cm，共计 15 点	14	93.3
一般项目	2	接合面处理	层面接合良好，与岸坡接合处的填料无分离、架空现象，无水平通缝。靠近反滤层的石料为内小外大，堆石接缝为逐层错缝，不应垂直相接，表面的砌石为平砌，平整美观	层面与岸坡接合处的填料没有分离、架空现象，未形成水平通缝，接合良好。靠近反滤层的石料为内小外大，堆石接缝为逐层错缝，砌石表面平整美观	—	100
一般项目	3	排水材料摊铺	摊铺边线整齐，厚度均匀，表面平整，无团块、粗粒集中现象；检测点允许偏差为－3～＋3cm	摊铺边线整齐，厚度均匀，表面平整，没有团块、粗粒集中现象；检测点偏差值为：1cm、－1cm、－3cm、3cm，共计 4 点	4	100
一般项目	4	排水体结构外轮廓尺寸	压实后排水体结构外轮廓尺寸应不小于设计尺寸的 10%	外轮廓尺寸：底宽 8m，顶宽 3m，高程：92.250m，经检测 18 点，偏差值均不小于设计尺寸的 10%，具体数值见附表	18	100
一般项目	5	排水体外观 表面平整度	符合设计要求。干砌：允许偏差为－5～＋5cm；浆砌：允许偏差为－3～＋3cm	干砌石，偏差值为：1cm、2cm、2cm、2cm、－1cm、－1cm、1cm、1cm、2cm、1cm，共计 10 点	10	100
一般项目	5	排水体外观 顶高程	符合设计要求。干砌：允许偏差为－5～＋5cm；浆砌：允许偏差为－3～＋3cm	干砌石，偏差值为：2cm、－1cm、－1cm、1cm、1cm，共计 5 点	5	100
施工单位自评意见	主控项目检验结果全部符合合格质量标准，一般项目逐项检验点的合格率均大于或等于 90 %，且不合格点不集中分布。各项报验资料 符合 SL 631 标准要求。 单元工程质量等级评定为：优良 质检员：×××（签字，加盖公章） 2013 年 9 月 21 日					
监理单位复核意见	经复核，主控项目检验结果全部符合合格质量标准，一般项目逐项检验点的合格率均大于或等于 90 %，且不合格点不集中分布。各项报验资料 符合 SL 631 标准要求。 单元工程质量等级核定为：优良 监理工程师：×××（签字，加盖公章） ××××年××月××日					

表12　排水单元工程施工质量验收评定表

填　表　说　明

填表时必须遵守“填表基本要求”，并符合下列要求。

1. 本填表说明适用于排水单元工程施工质量验收评定表的填写。本表适用于以砂砾料、石料作为排水体的工程，如坝体贴坡排水、棱体排水和褥垫排水等。

2. 单元工程划分：以排水工程施工的区、段划分；每一区、段划分为一个单元工程。

3. 单元工程量：填写本单元排水工程量（m^3）。

4. 检验（检测）项目的检验（检测）方法及数量及填表说明按下表执行。

<table>
<tr><th colspan="2">检验项目</th><th>检验方法</th><th>检验数量</th><th>填写说明</th></tr>
<tr><td colspan="2">结构型式</td><td>观察、查阅施工记录</td><td>全数检查</td><td>描述排水棱体设计结构型式。施工排水棱体符合设计要求</td></tr>
<tr><td colspan="2">压实质量</td><td>试坑法</td><td>按每200～400m^3检测1次，每个取样断面每层取样不少于1次</td><td>排水棱体无漏压、欠压现象，分层填筑，每层取样1组，经检验，相对密实度满足设计要求。填写设计相对密度值及实测值</td></tr>
<tr><td colspan="2">排水设施位置</td><td>测量</td><td>基底高程、每中（边）线每10延米检测一组，每组不少于3个点</td><td>排水体位置准确，基底高程、中（边）线共取5组，每组3个点。填写基底高程偏差值及中（边）线偏差值（附检验记录）</td></tr>
<tr><td colspan="2">接合面处理</td><td>观察、查阅施工记录</td><td>每100m^2检查1处，每处检查面积为10m^2；排水管路按每50延米检查1处，每处检查长度为5m（含1个管路接头）</td><td>描述层面与岸坡接合处的填料有无分离、架空现象，有无形成水平通缝，接合良好。靠近反滤层的石料为内小外大，堆石接缝是否逐层错缝，砌石表面是否平整美观</td></tr>
<tr><td colspan="2">排水材料摊铺</td><td>观察，水准仪或拉线量测</td><td>铺料厚度按10m×10m网格布置测点，每个单元不少于4个点</td><td>描述摊铺边线是否整齐，厚度均匀情况，表面平整情况，有无团块及粗粒集中现象；填写厚度偏差值（附检验记录）</td></tr>
<tr><td colspan="2">排水体结构外轮廓尺寸</td><td>查阅施工记录、测量</td><td>每50m^2或20延米检测6个点，检测点采用横断面或纵断面控制，各断面点数不小于3个点，局部突出或凹陷部位（面积在0.5m^2以上者）应增设检测点</td><td>描述外轮廓尺寸及检测值偏差值，具体数值见附表</td></tr>
<tr><td rowspan="2">排水体外观</td><td>表面平整度</td><td>用2m靠尺测量</td><td></td><td>填写排水体外观材料，直接填写检验值</td></tr>
<tr><td>顶高程</td><td>水准仪测</td><td></td><td>填写顶高程测量值</td></tr>
</table>

5. 单元工程质量要求。

（1） 合格等级标准。

1） 各工序施工质量验收评定应全部合格。

2） 各项报验资料应符合 SL 631 的要求。

（2） 优良等级标准。

1）各工序施工质量验收评定应全部合格，其中优良工序应达到50％及以上，且主要工序应达到优良等级。

2）各项报验资料应符合 SL 631 的要求。

6. 排水单元工程施工质量验收评定表应包括下列资料。

（1）排水单元工程施工质量验收评定表，各项检验项目检验记录资料。

（2）压实试验成果。

（3）排水设置位置、排水体结构外轮廓尺寸及排水体外观测量成果记录。

（4）监理单位排水单元工程施工质量各检验项目平行检测资料。

7. 若本排水单元工程在项目划分时确定为关键部位单元工程时，应按《水利水电工程施工检验与评定规程》（SL 176—2007）要求，另外需填写该规程附录 1“关键部位单元工程质量等级签证表”，且提交此表附件资料。

＿＿＿＿＿＿＿＿工程

表 13　干砌石单元工程施工质量验收评定表（样表）

<table>
<tr><td colspan="3">单位工程名称</td><td colspan="2"></td><td>单元工程量</td><td colspan="3"></td></tr>
<tr><td colspan="3">分部工程名称</td><td colspan="2"></td><td>施工单位</td><td colspan="3"></td></tr>
<tr><td colspan="3">单元工程名称、部位</td><td colspan="2"></td><td>施工日期</td><td colspan="3">年　月　日—　年　月　日</td></tr>
<tr><td colspan="2">项次</td><td colspan="2">检验项目</td><td>质量要求</td><td colspan="2">检查（检测）记录</td><td>合格数</td><td>合格率/%</td></tr>
<tr><td rowspan="2">主控项目</td><td>1</td><td colspan="2">石料表观质量</td><td>石料规格应符合设计要求</td><td colspan="2"></td><td></td><td></td></tr>
<tr><td>2</td><td colspan="2">砌筑</td><td>自下而上错缝竖砌，石块紧靠密实，垫塞稳固，大块压边；砌体应咬扣紧密、错缝</td><td colspan="2"></td><td></td><td></td></tr>
<tr><td rowspan="5">一般项目</td><td>1</td><td colspan="2">基面处理</td><td>基面处理方法、基础埋置深度应符合设计要求</td><td colspan="2"></td><td></td><td></td></tr>
<tr><td>2</td><td colspan="2">基面碎石垫层铺填质量</td><td>碎石垫层料的颗粒级配、铺填方法、铺填厚度及压实度应满足设计要求</td><td colspan="2"></td><td></td><td></td></tr>
<tr><td rowspan="3">3</td><td rowspan="3">干砌石体的断面尺寸</td><td>表面平整度</td><td>符合设计要求，允许偏差为 0～+5cm</td><td colspan="2"></td><td></td><td></td></tr>
<tr><td>厚度</td><td>符合设计要求，允许偏差为−10%～+10%</td><td colspan="2"></td><td></td><td></td></tr>
<tr><td>坡度</td><td>符合设计要求，允许偏差为−2%～+2%</td><td colspan="2"></td><td></td><td></td></tr>
<tr><td colspan="2">施工单位自评意见</td><td colspan="7">主控项目检验结果全部符合合格质量标准，一般项目逐项检验点的合格率均大于或等于＿＿＿＿%，且不合格点不集中分布。各项报验资料＿＿＿＿SL 631 标准要求。
单元工程质量等级评定为：＿＿＿＿
质检员：　　（签字，加盖公章）
年　月　日</td></tr>
<tr><td colspan="2">监理单位复核意见</td><td colspan="7">经复核，主控项目检验结果全部符合合格质量标准，一般项目逐项检验点的合格率均大于或等于＿＿＿＿%，且不合格点不集中分布。各项报验资料＿＿＿＿SL 631 标准要求。
单元工程质量等级核定为：＿＿＿＿
监理工程师：　　（签字，加盖公章）
年　月　日</td></tr>
<tr><td colspan="9">注：本表所填“单元工程量”不作为施工单位工程量结算计量的依据。</td></tr>
</table>

<u>×××</u>工程

表 13　　干砌石单元工程施工质量验收评定表（实例）

<table>
<tr><td colspan="4">单位工程名称</td><td>土石坝工程</td><td>单元工程量</td><td colspan="2">2000m^3</td></tr>
<tr><td colspan="4">分部工程名称</td><td>下游坝面护坡工程</td><td>施工单位</td><td colspan="2">×××省水利水电工程局</td></tr>
<tr><td colspan="4">单元工程名称、部位</td><td>干砌石（桩号 2+000～2+020，高程 95.00～135.00m）</td><td>施工日期</td><td colspan="2">2013 年 10 月 1—20 日</td></tr>
<tr><td colspan="2">项次</td><td colspan="2">检验项目</td><td>质量要求</td><td>检查（检测）记录</td><td>合格数</td><td>合格率/%</td></tr>
<tr><td rowspan="2">主控项目</td><td>1</td><td colspan="2">石料表观质量</td><td>石料规格应符合设计要求：单块石料最小边大于 20cm，单块重量大于 25kg</td><td>石料质地坚硬，经检验，其抗水性、抗冻性符合设计要求。单块石料最小边大于 20cm，单块重量大于 25kg（见块石试验报告）</td><td>—</td><td>100</td></tr>
<tr><td>2</td><td colspan="2">砌筑</td><td>自下而上错缝竖砌，石块紧靠密实，垫塞稳固，大块压边；砌体应咬扣紧密、错缝</td><td>砌筑时自下而上错缝竖砌，石块间紧靠密实，垫塞稳固，大块压边</td><td>—</td><td>100</td></tr>
<tr><td rowspan="5">一般项目</td><td>1</td><td colspan="2">基面处理</td><td>基面处理方法、基础埋置深度应符合设计要求</td><td>对护坡基面进行了修整，处理方法、基础埋置深度符合设计要求</td><td>—</td><td>100</td></tr>
<tr><td>2</td><td colspan="2">基面碎石垫层铺填质量</td><td>碎石垫层料的颗粒级配、铺填方法、铺填厚度及压实度应满足设计要求</td><td>垫层料为 2～6cm 的混合碎石，颗粒级配合理，人工铺填，斜坡碾碾压，铺填厚度及压实度满足设计要求</td><td>—</td><td>100</td></tr>
<tr><td rowspan="3">3</td><td rowspan="3">干砌石体的断面尺寸</td><td>表面平整度</td><td>符合设计要求，允许偏差为 0～+5cm</td><td>偏差值（30 个点）：2cm、3cm、1cm、1cm、1cm、2cm、2cm、3cm、1cm、……共计 30 点</td><td>25</td><td>83.3</td></tr>
<tr><td>厚度</td><td>设计厚度 30cm，符合设计要求，允许偏差为 −10%～+10%</td><td>单元工程护坡面 2140m^2，60 个测点，实测厚度值为：31.5cm、30.0cm、29.0cm、……共计 60 点</td><td>56</td><td>93.3</td></tr>
<tr><td>坡度</td><td>设计坡度 1：2.5，符合设计要求，允许偏差为 −2%～+2%</td><td>实测 2 个断面，实测值为 1：2.5、1：2.5</td><td>2</td><td>100</td></tr>
<tr><td colspan="2">施工单位自评意见</td><td colspan="6">主控项目检验结果全部符合合格质量标准，一般项目逐项检验点的合格率均大于或等于 <u>70</u> %，且不合格点不集中分布。各项报验资料 <u>符合</u> SL 631 标准要求。
单元工程质量等级评定为：<u>合格</u>
质检员：×××（签字，加盖公章）
2013 年 10 月 22 日</td></tr>
<tr><td colspan="2">监理单位复核意见</td><td colspan="6">经复核，主控项目检验结果全部符合合格质量标准，一般项目逐项检验点的合格率均大于或等于 <u>70</u> %，且不合格点不集中分布。各项报验资料 <u>符合</u> SL 631 标准要求。
单元工程质量等级核定为：<u>合格</u>
监理工程师：×××（签字，加盖公章）
××××年××月××日</td></tr>
<tr><td colspan="8">注：本表所填“单元工程量”不作为施工单位工程量结算计量的依据。</td></tr>
</table>

表13　干砌石单元工程施工质量验收评定表

填　表　说　明

填表时必须遵守“填表基本要求”，并符合下列要求。

1. 本填表说明适用于干砌石工程单元工程施工质量验收评定表的填写。砌石工程采用的石料质量指标应符合设计要求。

2. 单元工程划分：以施工检查验收的区、段划分，每一区、段为一个单元工程。

3. 单元工程量：填写本单元干砌石工程量（m^3）。

4. 检验（检测）项目的检验（检测）方法及数量及填表说明按下表执行。

<table>
<tr><th colspan="2">检验项目</th><th>检验方法</th><th>检验数量</th><th>填写说明</th></tr>
<tr><td colspan="2">石料表观质量</td><td>量测、取样试验</td><td>根据料源情况抽验1～3组，但每一种材料至少抽验1组</td><td>根据石料试验报告，描述石料表观质量，最大、最小块石尺寸及重量是否满足设计要求（附块石试验报告）</td></tr>
<tr><td colspan="2">砌筑</td><td>观察、翻撬或铁钎插检。对砌墙（坝）必要时采用试坑法检查孔隙率</td><td>网格法布置测点，上游面护坡工程每个单元的有效检测点总数不少于30点，其他护坡工程每个单元的有效检测点总数不少于20个点</td><td>描述砌筑过程是否符合施工规范要求。砌筑时自下而上错缝竖砌，石块间紧靠密实，垫塞稳固，大块压边</td></tr>
<tr><td colspan="2">基面处理</td><td>观察、查阅施工验收记录</td><td>全数检查</td><td>描述砌筑基面处理方法及基面埋置是否符合要求</td></tr>
<tr><td colspan="2">基面碎石垫层铺填质量</td><td>量测、取样试验</td><td>每个单元检测点总数不少于20个点</td><td>描述碎石垫层料的颗粒级配、铺填方法。填写铺填厚度及压实度检测值（附压实度试验成果）</td></tr>
<tr><td rowspan="3">干砌石体的断面尺寸</td><td>表面平整度</td><td>用2m靠尺量测</td><td>每个单元检测点数不少于25～30个点</td><td>直接填写平整度检测值</td></tr>
<tr><td>厚度</td><td>测量</td><td>每$100m^2$测3个点</td><td>直接填写厚度检测值</td></tr>
<tr><td>坡度</td><td>坡尺及垂线</td><td>每个单元实测断面不少于2个</td><td>设计坡度值，实测断面，检测坡度值（附测量成果）</td></tr>
</table>

5. 单元工程质量要求。

（1）合格等级标准。

1）各工序施工质量验收评定应全部合格。

2）各项报验资料应符合SL 631的要求。

（2）优良等级标准。

1）各工序施工质量验收评定应全部合格，其中优良工序应达到50%及以上，且主要工序应达到优良等级。

2）各项报验资料应符合SL 631的要求。

6. 干砌石单元工程施工质量验收评定表应包括下列资料。

（1）干砌石工程单元工程施工质量验收评定表，各项检验项目检验记录资料。

（2）块石试验成果。

（3）基面垫层压实度检测成果。

（4）干砌石体断面尺寸测量成果记录。

（5）监理单位干砌石单元工程各检验项目平行检测资料。

7. 若本干砌石工程单元工程在项目划分时确定为关键部位单元工程时，应按《水利水电工程施工检验与评定规程》（SL 176—2007）要求，另外需填写该规程附录1“关键部位单元工程质量等级签证表”，且提交此表附件资料。

______________工程

表 14　　护坡垫层单元工程施工质量验收评定表（样表）

<table>
<tr><td colspan="3">单位工程名称</td><td colspan="2"></td><td>单元工程量</td><td colspan="2"></td></tr>
<tr><td colspan="3">分部工程名称</td><td colspan="2"></td><td>施工单位</td><td colspan="2"></td></tr>
<tr><td colspan="3">单元工程名称、部位</td><td colspan="2"></td><td>施工日期</td><td colspan="2">年　月　日— 　年　月　日</td></tr>
<tr><td colspan="2">项次</td><td>检验项目</td><td>质量要求</td><td colspan="2">检查（检测）记录</td><td>合格数</td><td>合格率/%</td></tr>
<tr><td rowspan="3">主控项目</td><td>1</td><td>铺料厚度</td><td>铺料厚度均匀，不超厚，表面平整，边线整齐，检测点允许偏差不大于铺料厚度的10%，且不应超厚</td><td colspan="2"></td><td></td><td></td></tr>
<tr><td>2</td><td>铺填位置</td><td>铺填位置准确，摊铺边线整齐，边线偏差为－5～＋5cm</td><td colspan="2"></td><td></td><td></td></tr>
<tr><td>3</td><td>接合部</td><td>纵横向符合设计要求，岸坡接合处的填料无分离、架空</td><td colspan="2"></td><td></td><td></td></tr>
<tr><td rowspan="2">一般项目</td><td>1</td><td>铺填层面外观</td><td>铺填力求均衡上升，无团块、无粗粒集中</td><td colspan="2"></td><td></td><td></td></tr>
<tr><td>2</td><td>层间结合面</td><td>上下层间的结合面无泥土、杂物等</td><td colspan="2"></td><td></td><td></td></tr>
<tr><td colspan="2">施工单位自评意见</td><td colspan="6">主控项目检验结果全部符合合格质量标准，一般项目逐项检验点的合格率均大于或等于______%，且不合格点不集中分布。各项报验资料______SL 631 标准要求。
单元质量等级评定为：______
质检员：　　　（签字，加盖公章）
年　月　日</td></tr>
<tr><td colspan="2">监理单位复核意见</td><td colspan="6">经复核，主控项目检验结果全部符合合格质量标准，一般项目逐项检验点的合格率均大于或等于______%，且不合格点不集中分布。各项报验资料______SL 631 标准要求。
单元质量等级核定为：______
监理工程师：　　　（签字，加盖公章）
年　月　日</td></tr>
<tr><td colspan="8">注：本表所填“单元工程量”不作为施工单位工程量结算计量的依据。</td></tr>
</table>

×××　工程

表 14　护坡垫层单元工程施工质量验收评定表（实例）

<table>
<tr><td colspan="3">单位工程名称</td><td colspan="2">土石坝工程</td><td>单元工程量</td><td colspan="2">350m³</td></tr>
<tr><td colspan="3">分部工程名称</td><td colspan="2">上游坝面护坡工程</td><td>施工单位</td><td colspan="2">×××省水利水电工程局</td></tr>
<tr><td colspan="3">单元工程名称、部位</td><td colspan="2">护坡垫层（桩号2+000～2+020，高程95.00～135.00m）</td><td>施工日期</td><td colspan="2">2013年11月1—20日</td></tr>
<tr><td colspan="2">项次</td><td>检验项目</td><td>质量要求</td><td colspan="2">检查（检测）记录</td><td>合格数</td><td>合格率/%</td></tr>
<tr><td rowspan="3">主控项目</td><td>1</td><td>铺料厚度</td><td>铺料厚度均匀，不超厚，表面平整，边线整齐，检测点允许偏差不大于铺料厚度的10%，且不应超厚</td><td colspan="2">设计垫层厚度为25cm；检测10点，范围值：23.0cm、23.5cm、23.8cm、24.2cm、24.0cm、24.6cm、24.7cm、24.3cm、23.9cm、23.6cm</td><td>10</td><td>100</td></tr>
<tr><td>2</td><td>铺填位置</td><td>铺填位置准确，摊铺边线整齐，边线偏差为－5～＋5cm</td><td colspan="2">铺填位置桩号2＋000～2＋020，高程135.00m；面积800m²，摊铺边线基本整齐，边线检查8个点，偏差值－4～＋5cm</td><td>8</td><td>100</td></tr>
<tr><td>3</td><td>接合部</td><td>纵横向符合设计要求，岸坡接合处的填料无分离、架空</td><td colspan="2">岸坡垫层接合处的填料无分离、架空现象</td><td>—</td><td>100</td></tr>
<tr><td rowspan="2">一般项目</td><td>1</td><td>铺填层面外观</td><td>铺填力求均衡上升，无团块、无粗粒集中</td><td colspan="2">铺填作业从底部开始铺填，均衡上升，无团块、无粗粒明显集中现象</td><td>—</td><td>100</td></tr>
<tr><td>2</td><td>层间结合面</td><td>上下层间的结合面无泥土、杂物等</td><td colspan="2">垫层一次铺设，垫层与坝坡结合面无泥土、杂物</td><td>—</td><td>100</td></tr>
<tr><td>施工单位自评意见</td><td colspan="7">主控项目检验结果全部符合合格质量标准，一般项目逐项检验点的合格率均大于或等于<u>90</u>%，且不合格点不集中分布。各项报验资料<u>符合</u>SL 631标准要求。
单元质量等级评定为：<u>优良</u>
质检员：×××（签字，加盖公章）
2013年11月22日</td></tr>
<tr><td>监理单位复核意见</td><td colspan="7">经复核，主控项目检验结果全部符合合格质量标准，一般项目逐项检验点的合格率均大于或等于<u>90</u>%，且不合格点不集中分布。各项报验资料<u>符合</u>SL 631标准要求。
单元质量等级核定为：<u>优良</u>
监理工程师：×××（签字，加盖公章）
××××年××月××日</td></tr>
<tr><td colspan="8">注：本表所填“单元工程量”不作为施工单位工程量结算计量的依据。</td></tr>
</table>

表 14　护坡垫层单元工程施工质量验收评定表

填 表 说 明

填表时必须遵守“填表基本要求”，并符合下列要求。

1. 本填表说明适用于护坡垫层单元工程施工质量验收评定表的填写。护坡垫层采用的石料质量指标应符合设计要求。

2. 单元工程划分：以施工检查验收的区、段划分，每一区、段为一个单元工程，与护坡（干砌石）单元工程相对应。

3. 单元工程量：填写本单元护坡垫层工程量（m^3）。

4. 检验（检测）项目的检验（检测）方法及数量及填表说明按下表执行。

检验项目	检验方法	检验数量	填写说明
铺料厚度	方格网定点测量	每个单元不少于10个点	填写设计厚度值及实测值。铺料厚度较均匀，不超厚，表面基本平整，边线整齐，符合质量要求
铺填位置	观察、测量	每条边线，每10延米检测1组，每组2个点	填写铺填位置边线（包括桩号及高程），填写实测值（附检验记录或测量记录）
接合部	观察、查阅施工记录	全数检查	填写岸坡接合处的填料有无分离、架空现象
铺填层面外观	观察	全数检查	填写铺填是否均衡上升，有无团块、有无粗粒料集中现象
层间结合面	观察	全数检查	填写层间的结合面有无撒入泥土、杂物

5. 单元工程质量要求。

（1）合格等级标准。

1）各工序施工质量验收评定应全部合格。

2）各项报验资料应符合 SL 631 的要求。

（2）优良等级标准。

1）各工序施工质量验收评定应全部合格，其中优良工序应达到50%及以上，且主要工序应达到优良等级。

2）各项报验资料应符合 SL 631 的要求。

6. 护坡垫层单元工程施工质量验收评定表应包括下列资料。

（1）护坡垫层单元工程施工质量验收评定表，各项检验项目检验记录资料。

（2）铺填边线测量成果。

（3）监理单位护坡垫层单元工程施工质量各项检验项目平行检测资料。

7. 若本护坡垫层单元工程在项目划分时确定为关键部位单元工程时，应按《水利水电工程施工检验与评定规程》（SL 176—2007）要求，另外需填写该规程附录1“关键部位单元工程质量等级签证表”，且提交此表附件资料。

________工程

表15　水泥砂浆砌石体单元工程施工质量验收评定表（样表）

<table>
<tr><td colspan="2">单位工程名称</td><td></td><td>单元工程量</td><td></td></tr>
<tr><td colspan="2">分部工程名称</td><td></td><td>施工单位</td><td></td></tr>
<tr><td colspan="2">单元工程名称、部位</td><td></td><td>施工日期</td><td>年　月　日—　年　月　日</td></tr>
<tr><td>项次</td><td colspan="2">工序名称</td><td colspan="2">工序施工质量验收评定等级</td></tr>
<tr><td>1</td><td colspan="2">水泥砂浆砌石体层面处理</td><td colspan="2"></td></tr>
<tr><td>2</td><td colspan="2">△水泥砂浆砌石体砌筑</td><td colspan="2"></td></tr>
<tr><td>3</td><td colspan="2">水泥砂浆砌石体伸缩缝（填充材料）</td><td colspan="2"></td></tr>
<tr><td></td><td colspan="2"></td><td colspan="2"></td></tr>
<tr><td>施工单位
自评意见</td><td colspan="4">各工序施工质量全部合格，其中优良工序占________%，主要工序达到________等级。各项报验资料________SL 631标准要求。
单元工程质量等级评定为：________
质检员：　　（签字，加盖公章）
年　月　日</td></tr>
<tr><td>监理单位
复核意见</td><td colspan="4">经抽检并查验相关检验报告和检验资料，各工序施工质量全部合格，其中优良工序占________%，主要工序达到________等级。各项报验资料________SL 631标准要求。
单元工程质量等级核定为：________
监理工程师：　　（签字，加盖公章）
年　月　日</td></tr>
<tr><td colspan="5">注：本表所填“单元工程量”不作为施工单位工程量结算计量的依据。</td></tr>
</table>

××× 工程

表15　水泥砂浆砌石体单元工程施工质量验收评定表（实例）

单位工程名称		坝体工程	单元工程量	$360m^3$
分部工程名称		浆砌石防浪墙	施工单位	×××省水利水电工程局
单元工程名称、部位		浆砌石防浪墙砌筑	施工日期	2013年8月8—14日
项次	工序名称		工序施工质量验收评定等级	
1	水泥砂浆砌石体层面处理		优良	
2	△水泥砂浆砌石体砌筑		合格	
3	水泥砂浆砌石体伸缩缝（填充材料）		优良	
施工单位自评意见	各工序施工质量全部合格，其中优良工序占 66.7 %，主要工序达到 合格 等级。各项报验资料 符合 SL 631标准要求。 单元工程质量等级评定为： 合格 质检员：×××（签字，加盖公章） 2013年9月15日			
监理单位复核意见	经抽检并查验相关检验报告和检验资料，各工序施工质量全部合格，其中优良工序占 66.7 %，主要工序达到 合格 等级。各项报验资料 符合 SL 631标准要求。 单元工程质量等级核定为： 合格 监理工程师：×××（签字，加盖公章） ××××年××月××日			
注：本表所填“单元工程量”不作为施工单位工程量结算计量的依据。				

表 15　水泥砂浆砌石体单元工程施工质量验收评定表

填 表 说 明

填表时必须遵守“填表基本要求”，并符合下列要求。

1. 本填表说明适用于水泥砂浆砌石体单元工程施工质量验收评定表的填写。砌石工程采用的石料和胶结材料如水泥、水泥砂浆等质量指标应符合设计要求。

2. 单元工程划分：以施工检查验收的区、段、块划分，每一个（道）墩、墙划分为一个单元工程，或每一施工段、块的一次连续砌筑层（砌筑高度一般为 3～5m）为一个单元工程。

3. 单元工程量：填写本单元水泥砂浆砌石体工程量（m^3）。

4. 水泥砂浆砌石体施工单元工程宜分为水泥砂浆砌石体层面处理、水泥砂浆砌石体砌筑、水泥砂浆砌石体伸缩缝 3 个工序，其中水泥砂浆砌石体砌筑工序为主要工序，用△标注。本表是在表 15.1～表 15.3 工序施工质量验收评定合格的基础上进行。

5. 单元工程质量要求。

（1）合格等级标准。

1）各工序施工质量验收评定应全部合格。

2）各项报验资料应符合 SL 631 的要求。

（2）优良等级标准。

1）各工序施工质量验收评定应全部合格，其中优良工序应达到 50%及以上，且主要工序应达到优良等级。

2）各项报验资料应符合 SL 631 的要求。

6. 水泥砂浆砌石体单元工程施工质量验收评定应包括下列资料。

（1）水泥砂浆砌石体层面处理工序施工质量验收评定表，各项检验项目检验记录资料。

（2）水泥砂浆砌石体砌筑工序施工质量验收评定表，各项检验项目检验记录资料。

（3）水泥砂浆砌石体伸缩缝（填充材料）工序施工质量验收评定表，各项检验项目检验记录资料及实体检验项目检验记录资料。

（4）原材料、半成品、拌和物与各项实体检验项目的试验检测记录、厂家质量证明书、见证取样记录。

（5）监理单位水泥砂浆砌石体层面处理、水泥砂浆砌石体砌筑、水泥砂浆砌石体伸缩缝（填充材料）3 个工序施工质量各项检验项目平行检测资料。

7. 若本水泥砂浆砌石体单元工程在项目划分时确定为关键部位单元工程时，应按《水利水电工程施工检验与评定规程》（SL 176—2007）要求，另外需填写该规程附录 1“关键部位单元工程质量等级签证表”，且提交此表附件资料。

______________工程

表 15.1　水泥砂浆砌石体层面处理工序施工质量验收评定表（样表）

<table>
<tr><td colspan="3">单位工程名称</td><td colspan="2"></td><td>工序编号</td><td colspan="3"></td></tr>
<tr><td colspan="3">分部工程名称</td><td colspan="2"></td><td>施工单位</td><td colspan="3"></td></tr>
<tr><td colspan="3">单元工程名称、部位</td><td colspan="2"></td><td>施工日期</td><td colspan="3">年　月　日— 　年　月　日</td></tr>
<tr><td colspan="2">项次</td><td>检验项目</td><td>质量要求</td><td colspan="3">检查（检测）记录</td><td>合格数</td><td>合格率/%</td></tr>
<tr><td rowspan="2">主控项目</td><td>1</td><td>砌体仓面清理</td><td>仓面干净，表面湿润均匀。无浮渣，无杂物，无积水，无松动石块</td><td colspan="3"></td><td></td><td></td></tr>
<tr><td>2</td><td>表面处理</td><td>垫层混凝土表面、砌石体表面局部光滑的砂浆表面应凿毛，毛面面积应不小于95%的总面积</td><td colspan="3"></td><td></td><td></td></tr>
<tr><td>一般项目</td><td>1</td><td>垫层混凝土</td><td>已浇垫层混凝土，在抗压强度未达到设计要求前，不应在其面层上进行上层砌石的准备工作</td><td colspan="3"></td><td></td><td></td></tr>
<tr><td colspan="2">施工单位自评意见</td><td colspan="7">主控项目检验结果全部符合合格质量标准，一般项目逐项检验点的合格率均大于或等于______%，且不合格点不集中分布。各项报验资料______SL 631 标准要求。
工序质量等级评定为：______
质检员：　　　（签字，加盖公章）
年　月　日</td></tr>
<tr><td colspan="2">监理单位复核意见</td><td colspan="7">经复核，主控项目检验结果全部符合合格质量标准，一般项目逐项检验点的合格率均大于或等于______%，且不合格点不集中分布。各项报验资料______SL 631 标准要求。
工序质量等级核定为：______
监理工程师：　　　（签字，加盖公章）
年　月　日</td></tr>
</table>

×××　工程

表 15.1　水泥砂浆砌石体层面处理工序施工质量验收评定表（实例）

<table>
<tr><td colspan="2">单位工程名称</td><td colspan="2">坝体工程</td><td>工序编号</td><td colspan="2">—</td></tr>
<tr><td colspan="2">分部工程名称</td><td colspan="2">浆砌石防浪墙工程</td><td>施工单位</td><td colspan="2">×××省水利水电工程局</td></tr>
<tr><td colspan="2">单元工程名称、部位</td><td colspan="2">浆砌石防浪墙砌筑</td><td>施工日期</td><td colspan="2">2013年8月8—9日</td></tr>
<tr><td colspan="2">项次</td><td>检验项目</td><td>质量要求</td><td>检查（检测）记录</td><td>合格数</td><td>合格率/%</td></tr>
<tr><td rowspan="2">主控项目</td><td>1</td><td>砌体仓面清理</td><td>仓面干净，表面湿润均匀。无浮渣，无杂物，无积水，无松动石块</td><td>—</td><td>—</td><td>—</td></tr>
<tr><td>2</td><td>表面处理</td><td>垫层混凝土表面、砌石体表面局部光滑的砂浆表面应凿毛，毛面面积应不小于95%的总面积</td><td>垫层混凝土表面、表面光滑的砂浆表面全部凿毛</td><td>—</td><td>100</td></tr>
<tr><td>一般项目</td><td>1</td><td>垫层混凝土</td><td>已浇垫层混凝土，在抗压强度未达到设计要求前，不应在其面层上进行上层砌石的准备工作</td><td>混凝土垫层抗压强度达到设计要求后，开始上层砌石的准备工作</td><td>—</td><td>95.0</td></tr>
<tr><td colspan="2">施工单位自评意见</td><td colspan="5">主控项目检验结果全部符合合格质量标准，一般项目逐项检验点的合格率均大于或等于<u>90</u>%，且不合格点不集中分布。各项报验资料<u>符合</u>SL 631标准要求。
工序质量等级评定为：<u>优良</u>
质检员：×××（签字，加盖公章）
2013年8月9日</td></tr>
<tr><td colspan="2">监理单位复核意见</td><td colspan="5">经复核，主控项目检验结果全部符合合格质量标准，一般项目逐项检验点的合格率均大于或等于<u>90</u>%，且不合格点不集中分布。各项报验资料<u>符合</u>SL 631标准要求。
工序质量等级核定为：<u>优良</u>
监理工程师：×××（签字，加盖公章）
××××年××月××日</td></tr>
</table>

表 15.1 水泥砂浆砌石体层面处理工序施工质量验收评定表

填 表 说 明

填表时必须遵守“填表基本要求”，并符合下列要求。

1. 本填表说明适用于水泥砂浆砌石体层面处理工序施工质量验收评定表的填写。
2. 单位工程、分部工程、单元工程名称及部位填写要与表 15 相同。
3. 工序编号：用于档案计算机管理，实例用“—”表示。
4. 检验（检测）项目的检验（检测）方法及数量和填表说明应按下表执行。

检验项目	检验方法	检验数量	填写说明
砌体仓面清理	目测观察、查阅验收记录	全数检查	根据工程实际选择填写
表面处理	观察、方格网法量测	整个砌筑面	第一层为垫层混凝土表面、其他层面表面光滑的砂浆表面全部凿毛
垫层混凝土	观察、查阅施工记录	全数检查	上层施工时垫层混凝土已达到设计强度要求

5. 工序质量要求。

(1) 合格等级标准。

1) 主控项目，检验结果应全部符合 SL 631 的要求。

2) 一般项目，逐项应有 70%及以上的检验点合格，且不合格点不应集中。

3) 各项报验资料应符合 SL 631 的要求。

(2) 优良等级标准。

1) 主控项目，检验结果应全部符合 SL 631 的要求。

2) 一般项目，逐项应有 90%及以上的检验点合格，且不合格点不应集中。

3) 各项报验资料应符合 SL 631 的要求。

6. 水泥砂浆砌石体层面处理工序施工质量验收评定应提交下列资料。

(1) 施工单位水泥砂浆砌石体层面处理工序施工质量验收“三检”记录表。

(2) 监理单位水泥砂浆砌石体层面处理工序施工质量各检验项目平行检测资料。

______工程

表 15.2 水泥砂浆砌石体砌筑工序施工质量验收评定表（样表）

<table>
<tr><td colspan="3">单位工程名称</td><td colspan="3"></td><td colspan="2">工序编号</td><td colspan="3"></td></tr>
<tr><td colspan="3">分部工程名称</td><td colspan="3"></td><td colspan="2">施工单位</td><td colspan="3"></td></tr>
<tr><td colspan="3">单元工程名称、部位</td><td colspan="3"></td><td colspan="2">施工日期</td><td colspan="3">年 月 日— 年 月 日</td></tr>
<tr><td colspan="2">项次</td><td colspan="2">检验项目</td><td colspan="4">质量要求</td><td>检查（检测）记录</td><td>合格数</td><td>合格率/%</td></tr>
<tr><td rowspan="7">主控项目</td><td>1</td><td colspan="2">石料表观质量</td><td colspan="4">石料规格应符合设计要求，表面湿润、无泥垢、油渍等污物</td><td></td><td></td><td></td></tr>
<tr><td>2</td><td colspan="2">普通砌石体砌筑</td><td colspan="4">铺浆均匀，无裸露石块；灌浆、塞缝饱满，砌缝密实，无架空等现象</td><td></td><td></td><td></td></tr>
<tr><td>3</td><td colspan="2">墩、墙砌石体砌筑</td><td colspan="4">先砌筑角石，再砌筑镶面石，最后砌筑填腹石。镶面石的厚度应不小于30cm。临时间断处的高低差应不大于1.0m，并留有平缓台阶</td><td></td><td></td><td></td></tr>
<tr><td>4</td><td colspan="2">墩、墙砌筑型式</td><td colspan="4">内外搭砌，上下错缝；丁砌石分布均匀，面积不少于墩、墙砌体全部面积的1/5，且长度大于60cm；毛块石分层卧砌，无填心砌法；每砌筑70～120cm高度找平一次；砌缝宽度基本一致</td><td></td><td></td><td></td></tr>
<tr><td>5</td><td rowspan="3">砌石坝</td><td>砌石体质量</td><td colspan="4">密度、孔隙率应符合设计要求</td><td></td><td></td><td></td></tr>
<tr><td>6</td><td>抗渗性能</td><td colspan="4">对有抗渗要求的部位，砌体透水率应符合设计要求</td><td></td><td></td><td></td></tr>
<tr><td>7</td><td>砌缝饱满度与密实度</td><td colspan="4">饱满且密实</td><td></td><td></td><td></td></tr>
<tr><td rowspan="4">一般项目</td><td>1</td><td colspan="2">水泥砂浆沉入度（6～8cm）</td><td colspan="4">符合设计要求，允许偏差为－1～＋1cm</td><td></td><td></td><td></td></tr>
<tr><td rowspan="3">2</td><td colspan="2" rowspan="3">砌缝宽度</td><td>类别</td><td>粗料石</td><td>预制块</td><td>√块石</td><td rowspan="3"></td><td rowspan="3"></td><td rowspan="3"></td></tr>
<tr><td>平缝</td><td>15～20mm</td><td>10～15mm</td><td>20～25mm</td></tr>
<tr><td>竖缝</td><td>20～30mm</td><td>15～20mm</td><td>20～40mm</td></tr>
</table>

续表

<table>
<tr><th colspan="2">项次</th><th colspan="4">检验项目</th><th colspan="2">质量要求</th><th>检查（检测）记录</th><th>合格数</th><th>合格率/%</th></tr>
<tr><td rowspan="19">一般项目</td><td rowspan="8">3</td><td rowspan="8">浆砌石坝体的外轮廓尺寸允许偏差</td><td rowspan="3">坝体轮廓线</td><td colspan="2">平面</td><td colspan="2">－40～＋40mm</td><td></td><td></td><td></td></tr>
<tr><td rowspan="2">高程</td><td>重力坝</td><td colspan="2">－30～＋30mm</td><td></td><td></td><td></td></tr>
<tr><td>拱坝、支墩坝</td><td colspan="2">－20～＋20mm</td><td></td><td></td><td></td></tr>
<tr><td colspan="2" rowspan="5">浆砌石（混凝土预制块）护坡</td><td rowspan="2">表面平整度</td><td>浆砌石</td><td>0～＋30mm</td><td></td><td></td><td></td></tr>
<tr><td>混凝土预制块</td><td>－10～＋10mm</td><td></td><td></td><td></td></tr>
<tr><td rowspan="2">厚度</td><td>浆砌石</td><td>－30～＋30mm</td><td></td><td></td><td></td></tr>
<tr><td>混凝土预制块</td><td>－10～＋10mm</td><td></td><td></td><td></td></tr>
<tr><td>坡度</td><td colspan="2">－2%～＋2%</td><td></td><td></td><td></td></tr>
<tr><td rowspan="4">4</td><td rowspan="4">浆砌石墩、墙砌体尺寸、位置允许偏差</td><td colspan="3">轴线位置偏移</td><td colspan="2">－10～＋10mm</td><td></td><td></td><td></td></tr>
<tr><td colspan="3">顶面高程</td><td colspan="2">－15～＋15mm</td><td></td><td></td><td></td></tr>
<tr><td colspan="2" rowspan="2">厚度</td><td>设闸门部位</td><td colspan="2">－10～＋10mm</td><td></td><td></td><td></td></tr>
<tr><td>无闸门部位</td><td colspan="2">－20～＋20mm</td><td></td><td></td><td></td></tr>
<tr><td rowspan="7">5</td><td rowspan="7">浆砌石溢洪道溢流面砌筑结构尺寸允许偏差</td><td colspan="2" rowspan="2">砌缝类别</td><td>平缝宽15mm</td><td colspan="2">－2～＋2mm</td><td></td><td></td><td></td></tr>
<tr><td>竖缝宽15～20mm</td><td colspan="2">－2～＋2mm</td><td></td><td></td><td></td></tr>
<tr><td colspan="2" rowspan="2">平面控制</td><td>堰顶</td><td colspan="2">－10～＋10mm</td><td></td><td></td><td></td></tr>
<tr><td>轮廓线</td><td colspan="2">－20～＋20mm</td><td></td><td></td><td></td></tr>
<tr><td colspan="2" rowspan="2">竖向控制</td><td>堰顶</td><td colspan="2">－10～＋10mm</td><td></td><td></td><td></td></tr>
<tr><td>其他位置</td><td colspan="2">－20～＋20mm</td><td></td><td></td><td></td></tr>
<tr><td colspan="3">表面平整度</td><td colspan="2">0～＋20mm</td><td></td><td></td><td></td></tr>
<tr><td colspan="3">施工单位自评意见</td><td colspan="8">主控项目检验结果全部符合合格质量标准，一般项目逐项检验点的合格率均大于或等于______%，且不合格点不集中分布。各项报验资料________SL 631标准要求。
工序质量等级评定为：________
质检员：（签字，加盖公章）
年 月 日</td></tr>
<tr><td colspan="3">监理单位复核意见</td><td colspan="8">经复核，主控项目检验结果全部符合合格质量标准，一般项目逐项检验点的合格率均大于或等于______%，且不合格点不集中分布。各项报验资料________SL 631标准要求。
工序质量等级核定为：________
监理工程师：（签字，加盖公章）
年 月 日</td></tr>
</table>

××× 工程

表 15.2　水泥砂浆砌石体砌筑工序施工质量验收评定表（实例）

单位工程名称	坝体工程	工序编号	—
分部工程名称	浆砌石防浪墙	施工单位	×××省水利水电工程局
单元工程名称、部位	浆砌石防浪墙砌筑	施工日期	2013 年 8 月 9—14 日

项次		检验项目	质量要求	检查（检测）记录	合格数	合格率/%
主控项目	1	石料表观质量	石料规格应符合设计要求，表面湿润、无泥垢、油渍等污物	石料质地坚硬，经检验，其抗水性、抗冻性符合设计要求，单块石料最小边大于 20cm，单块重量大于 25kg。块石表面湿润、污物全部清理	1	100
主控项目	2	普通砌石体砌筑	铺浆均匀，无裸露石块；灌浆、塞缝饱满，砌缝密实，无架空等现象	—	—	—
主控项目	3	墩、墙砌石体砌筑	先砌筑角石，再砌筑镶面石，最后砌筑填腹石。镶面石的厚度应不小于 30cm。临时间断处的高低差应不大于 1.0m，并留有平缓台阶	砌筑时先砌筑角石，再砌筑镶面石，最后砌筑填腹石。检验镶面石的厚度大于 30cm。临时间断处的高低差小于 1.0m，且留有平缓台阶	—	100
主控项目	4	墩、墙砌筑型式	内外搭砌，上下错缝；丁砌石分布均匀，面积不少于墩、墙砌体全部面积的 1/5，且长度大于 60cm；毛块石分层卧砌，无填心砌法；每砌筑 70～120cm 高度找平一次；砌缝宽度基本一致	内外搭砌，上下错缝；丁砌石和毛块石砌筑符合质量要求；砌筑 80cm 高度找平一次，砌缝宽度基本一致	3	100
主控项目	5	砌石坝：砌石体质量	密度、孔隙率应符合设计要求	—	—	—
主控项目	6	砌石坝：抗渗性能	对有抗渗要求的部位，砌体透水率应符合设计要求	—	—	—
主控项目	7	砌石坝：砌缝饱满度与密实度	饱满且密实	—	—	—
一般项目	1	水泥砂浆沉入度（6～8cm）	符合设计要求，允许偏差为－1～＋1cm	5.9cm、6.5cm、6.9cm、7.8cm、8.7cm、7.3cm、6.5cm、6.9cm、6.5cm、7.2cm	8	80.0
一般项目	2	砌缝宽度	类别：粗料石／预制块／√块石			
一般项目	2	砌缝宽度	平缝：15～20mm／10～15mm／20～25mm	21mm、23mm、22mm、24mm、28mm、20mm、21mm、25mm、20mm、22mm	9	90.0
一般项目	2	砌缝宽度	竖缝：20～30mm／15～20mm／20～40mm	30mm、34mm、37mm、40mm、26mm、22mm、41mm、35mm、32mm、28mm	9	90.0

续表

项次		检验项目				质量要求	检查（检测）记录	合格数	合格率/%
一般项目	3	浆砌石坝体的外轮廓尺寸允许偏差	坝体轮廓线	平面		−40～+40mm	—	—	—
				高程	重力坝	−30～+30mm	—	—	—
					拱坝、支墩坝	−20～+20mm	—	—	—
			浆砌石（混凝土预制块）护坡	表面平整度	浆砌石	0～+30mm	—	—	—
					混凝土预制块	−10～+10mm	—	—	—
				厚度	浆砌石	−30～+30mm	—	—	—
					混凝土预制块	−10～+10mm	—	—	—
				坡度		−2%～+2%	—	—	—
	4	浆砌石墩、墙砌体尺寸、位置允许偏差	轴线位置偏移			−10～+10mm	**−5mm、3mm、4mm、0mm、−2mm、5mm、4mm、8mm、5mm、1mm**	**10**	**100**
			顶面高程（985.00m）			−15～+15mm	**985.010m、984.995m、985.000m、985.017m、985.000m、985.011m、984.989m、984.983m、984.997m、985.008m**	**8**	**80.0**
			厚度（0.50m）	设闸门部位		−10～+10mm	—	—	—
				无闸门部位（0.50m）		−20～+20mm	**0.510m、0.515m、0.495m、0.505m、0.500m、0.503m、0.523m、0.505m、0.500m、0.490m**	**9**	**90.0**
	5	浆砌石溢洪道溢流面砌筑结构尺寸允许偏差	砌缝类别	平缝宽15mm		−2～+2mm	—	—	—
				竖缝宽15～20mm		−2～+2mm	—	—	—
			平面控制	堰顶		−10～+10mm	—	—	—
				轮廓线		−20～+20mm	—	—	—
			竖向控制	堰顶		−10～+10mm	—	—	—
				其他位置		−20～+20mm	—	—	—
			表面平整度			0～+20mm	—	—	—
施工单位自评意见	主控项目检验结果全部符合合格质量标准，一般项目逐项检验点的合格率均大于或等于 **70** %，且不合格点不集中分布。各项报验资料 **符合** SL 631 标准要求。 工序质量等级评定为：**合格** 质检员：×××（签字，加盖公章） **2013** 年 **8** 月 **14** 日								
监理单位复核意见	经复核，主控项目检验结果全部符合合格质量标准，一般项目逐项检验点的合格率均大于或等于 **70** %，且不合格点不集中分布。各项报验资料 **符合** SL 631 标准要求。 工序质量等级核定为：**合格** 监理工程师：×××（签字，加盖公章） ××××年××月××日								

表 15.2　水泥砂浆砌石体砌筑工序施工质量验收评定表

填　表　说　明

填表时必须遵守“填表基本要求”，并符合下列要求。

1. 本填表说明适用于水泥砂浆砌石体砌筑工序施工质量验收评定表的填写。
2. 单位工程、分部工程、单元工程名称及部位填写要与表 15 相同。
3. 工序编号：用于档案计算机管理，实例用“—”表示。
4. 检验（检测）项目的检验（检测）方法及数量和填表说明应按下表执行。

检验项目		检验方法	检验数量	填写说明
石料表观质量		观察、测量	逐块观察、测量。根据料源情况抽验 1～3 组，但每一种材料至少抽验 1 组	根据石料试验报告，描述石料表观质量，最大、最小块石尺寸及重量是否满足设计要求（附块石试验报告）
普通砌石体砌筑		观察、翻撬观察	翻撬抽检每个单元不少于 3 块	根据工程需要选择填写
墩、墙砌石体砌筑		观察、测量	全数检查	砌筑顺序先砌筑角石，再砌筑镶面石，最后砌筑填腹石。检验镶面石的厚度大于 30cm。临时间断处的高低差小于 1.0m，且留有平缓台阶
墩、墙砌筑型式		观察、测量	每 20 延米抽查 1 处，每处 3 延米长，但每个单元工程不应少于 3 处	内外搭砌，上下错缝；描述丁砌石和毛块石砌筑情况，无填心砌法；砌筑 80cm 高度找平一次；砌缝宽度基本一致
砌石坝	砌石体质量	试坑法	坝高 1/3 以下，每砌筑 10m 挖试坑 1 组；坝高 1/3～2/3 处，每砌筑 15m 挖试坑 1 组；坝高 2/3 以上，每砌筑 20m 挖试坑 1 组	—
	抗渗性能	压水试验	每砌筑 2 层高，进行 1 次钻孔压水试验，每 100～200m^2 坝面钻孔 3 个，每次试验不少于 3 孔	—
	砌缝饱满度与密实度	钻孔检查	每 100m^3 砌体钻孔取芯 1 次	—
水泥砂浆沉入度		现场抽检	每班不少于 3 次	填写试验数据
砌缝宽度		观察、测量	每砌筑表面 10m^2 抽检 1 处，每个单元工程不少于 10 处，每处检查不少于 1m 缝长	填写实测值

续表

检验项目				检验方法	检验数量	填写说明
浆砌石坝体外轮廓尺寸允许偏差	坝体轮廓线	平面		仪器测量	沿坝轴线方向每10～20m校核1个点，每个单元工程不少于10个点	—
		高程	重力坝			
			拱坝、支墩坝		沿坝轴线方向每3～5m校核1个点，每个单元工程不少于20个点	—
	浆砌石（混凝土预制块）护坡	表面平整度	浆砌石		每个单元检测点数不少于25～30个点	—
			混凝土预制块			
		厚度	浆砌石		每$100m^2$测3个点	
			混凝土预制块			
		坡度			每个单元实测断面不少于2个点	—
浆砌石墩、墙砌体尺寸、位置允许偏差	轴线位置偏移			经纬仪、拉线测量	每10延米检查1个点	填写测量实测数据（附测量成果）
	顶面高程			水准仪测量	每10延米检查1个点	填写测量实测数据（附测量成果）
	厚度	设闸门		测量检查	每1延米检查1个点	—
		无闸门		测量检查	每5延米检查1个点	填写测量实测数据
浆砌石溢洪道溢流面砌筑结构尺寸偏差	砌缝			测量	每$100m^2$抽查1处，每处$10m^2$，每个单元不少于3处	—
	平面控制与竖向控制			经纬仪、水准仪测量	每$100m^2$抽查20个点	—
	表面平整度			用2m靠尺检查	每$100m^2$抽查20个点	—

5. 工序质量要求。

(1) 合格等级标准。

1) 主控项目，检验结果应全部符合SL 631的要求。

2) 一般项目，逐项应有70%及以上的检验点合格，且不合格点不应集中。

3) 各项报验资料应符合SL 631的要求。

(2) 优良等级标准。

1) 主控项目，检验结果应全部符合SL 631的要求。

2) 一般项目，逐项应有90%及以上的检验点合格，且不合格点不应集中。

3) 各项报验资料应符合SL 631的要求。

6. 水泥砂浆砌石体砌筑工序施工质量验收评定表应提交下列资料。

(1) 施工单位水泥砂浆砌石体砌筑工序施工质量验收“三检”记录表。

(2) 块石试验成果报告。

(3) 水泥砂浆沉入度试验检测资料。

(4) 顶面高程测量成果表及原始测量记录。

(5) 监理单位水泥砂浆砌石体砌筑工序施工质量各检验项目平行检测资料。

__________工程

表 15.3　水泥砂浆砌石体伸缩缝（填充材料）工序施工质量验收评定表（样表）

<table>
<tr><td colspan="3">单位工程名称</td><td></td><td>工序编号</td><td colspan="3"></td></tr>
<tr><td colspan="3">分部工程名称</td><td></td><td>施工单位</td><td colspan="3"></td></tr>
<tr><td colspan="3">单元工程名称、部位</td><td></td><td>施工日期</td><td colspan="3">年　月　日— 　年　月　日</td></tr>
<tr><td colspan="2">项次</td><td>检验项目</td><td>质量要求</td><td colspan="2">检查（检测）记录</td><td>合格数</td><td>合格率/%</td></tr>
<tr><td rowspan="2">主控项目</td><td>1</td><td>伸缩缝缝面</td><td>平整、顺直、干燥，外露铁件应割除，确保伸缩有效</td><td colspan="2"></td><td></td><td></td></tr>
<tr><td>2</td><td>材料质量</td><td>符合设计要求</td><td colspan="2"></td><td></td><td></td></tr>
<tr><td rowspan="3">一般项目</td><td>1</td><td>涂敷沥青料</td><td>涂刷均匀平整、与混凝土黏接紧密，无气泡及隆起现象</td><td colspan="2"></td><td></td><td></td></tr>
<tr><td>2</td><td>粘贴沥青油毛毡</td><td>铺设厚度均匀平整、牢固、搭接紧密</td><td colspan="2"></td><td></td><td></td></tr>
<tr><td>3</td><td>铺设预制油毡板或其他闭缝板</td><td>铺设厚度均匀平整、牢固、相邻块安装紧密平整无缝</td><td colspan="2"></td><td></td><td></td></tr>
<tr><td colspan="2">施工单位自评意见</td><td colspan="6">主控项目检验结果全部符合合格质量标准，一般项目逐项检验点的合格率均大于或等于______%，且不合格点不集中分布。各项报验资料______SL 631 标准要求。
工序质量等级评定为：______
质检员：　　　（签字，加盖公章）
年　月　日</td></tr>
<tr><td colspan="2">监理单位复核意见</td><td colspan="6">经复核，主控项目检验结果全部符合合格质量标准，一般项目逐项检验点的合格率均大于或等于______%，且不合格点不集中分布。各项报验资料______SL 631 标准要求。
工序质量等级核定为：______
监理工程师：　　　（签字，加盖公章）
年　月　日</td></tr>
</table>

×××　　工程

表 15.3　水泥砂浆砌石体伸缩缝（填充材料）工序施工质量验收评定表（实例）

<table>
<tr><td colspan="3">单位工程名称</td><td>坝体工程</td><td>工序编号</td><td colspan="2">—</td></tr>
<tr><td colspan="3">分部工程名称</td><td>浆砌石防浪墙</td><td>施工单位</td><td colspan="2">×××省水利水电工程局</td></tr>
<tr><td colspan="3">单元工程名称、部位</td><td>浆砌石防浪墙砌筑</td><td>施工日期</td><td colspan="2">2013 年 8 月 9—14 日</td></tr>
<tr><td colspan="2">项次</td><td>检验项目</td><td>质量要求</td><td>检查（检测）记录</td><td>合格数</td><td>合格率/%</td></tr>
<tr><td rowspan="2">主控项目</td><td>1</td><td>伸缩缝缝面</td><td>平整、顺直、干燥，外露铁件应割除，确保伸缩有效</td><td>伸缩缝平整、顺直、干燥，外露铁件已割除，伸缩有效</td><td>—</td><td>100</td></tr>
<tr><td>2</td><td>材料质量</td><td>符合设计要求</td><td>伸缩缝为厚度 2cm 沥青木板，符合设计要求</td><td>—</td><td>100</td></tr>
<tr><td rowspan="3">一般项目</td><td>1</td><td>涂敷沥青料</td><td>涂刷均匀平整、与混凝土黏接紧密，无气泡及隆起现象</td><td>沥青涂刷基本均匀平整，无气泡及隆起现象</td><td>—</td><td>100</td></tr>
<tr><td>2</td><td>粘贴沥青油毛毡</td><td>铺设厚度均匀平整、牢固、搭接紧密</td><td>—</td><td>—</td><td>—</td></tr>
<tr><td>3</td><td>铺设预制油毡板或其他闭缝板</td><td>铺设厚度均匀平整、牢固、相邻块安装紧密平整无缝</td><td>—</td><td>—</td><td>—</td></tr>
<tr><td colspan="2">施工单位自评意见</td><td colspan="5">主控项目检验结果全部符合合格质量标准，一般项目逐项检验点的合格率均大于或等于 90 %，且不合格点不集中分布。各项报验资料 符合 SL 631 标准要求。
工序质量等级评定为：优良
质检员：×××（签字，加盖公章）
2013 年 8 月 14 日</td></tr>
<tr><td colspan="2">监理单位复核意见</td><td colspan="5">经复核，主控项目检验结果全部符合合格质量标准，一般项目逐项检验点的合格率均大于或等于 90 %，且不合格点不集中分布。各项报验资料 符合 SL 631 标准要求。
工序质量等级核定为：优良
监理工程师：×××（签字，加盖公章）
××××年××月××日</td></tr>
</table>

表 15.3 水泥砂浆砌石体伸缩缝（填充材料）工序施工质量验收评定表

填 表 说 明

填表时必须遵守“填表基本要求”，并符合下列要求。

1. 本填表说明适用于水泥砂浆砌石体伸缩缝（填充材料）工序施工质量验收评定表的填写。

2. 单位工程、分部工程、单元工程名称及部位填写要与表 15 相同。

3. 工序编号：用于档案计算机管理，实例用“—”表示。

4. 检验（检测）项目的检验（检测）方法及数量和填表说明应按下表执行。

检验项目	检验方法	检验数量	填写说明
伸缩缝缝面	观察	全部	填写伸缩缝外观是否平整、顺直、干燥，伸缩是否有效
材料质量	观察、抽查试验		填写设计伸缩缝材料为沥青缝材料，伸缩缝材料是否与设计要求一致
涂敷沥青料	观察	全部	针对不同伸缩缝材料选择一项填写
粘贴沥青油毛毡	观察	全部	—
铺设预制油毡板或其他闭缝板	观察	全部	—

5. 工序质量要求。

(1) 合格等级标准。

1) 主控项目，检验结果应全部符合 SL 631 的要求。

2) 一般项目，逐项应有 70%及以上的检验点合格，且不合格点不应集中。

3) 各项报验资料应符合 SL 631 的要求。

(2) 优良等级标准。

1) 主控项目，检验结果应全部符合 SL 631 的要求。

2) 一般项目，逐项应有 90%及以上的检验点合格，且不合格点不应集中。

3) 各项报验资料应符合 SL 631 的要求。

6. 水泥砂浆砌石体伸缩缝（填充材料）工序施工质量验收评定应提交下列资料。

(1) 施工单位水泥砂浆砌石体伸缩缝（填充材料）工序施工质量验收“三检”记录表。

(2) 监理单位水泥砂浆砌石体伸缩缝（填充材料）工序施工质量各检验项目平行检测资料。

________工程

表 16　　混凝土砌石体单元工程施工质量验收评定表（样表）

<table>
<tr><td>单位工程名称</td><td colspan="2"></td><td>单元工程量</td><td></td></tr>
<tr><td>分部工程名称</td><td colspan="2"></td><td>施工单位</td><td></td></tr>
<tr><td>单元工程名称、部位</td><td colspan="2"></td><td>施工日期</td><td>年　月　日— 　年　月　日</td></tr>
<tr><td>项次</td><td colspan="2">工序名称</td><td colspan="2">工序施工质量验收评定等级</td></tr>
<tr><td>1</td><td colspan="2">混凝土砌石体层面处理</td><td colspan="2"></td></tr>
<tr><td>2</td><td colspan="2">△混凝土砌石体砌筑</td><td colspan="2"></td></tr>
<tr><td>3</td><td colspan="2">混凝土砌石体伸缩缝</td><td colspan="2"></td></tr>
<tr><td></td><td colspan="2"></td><td colspan="2"></td></tr>
<tr><td>施工单位
自评意见</td><td colspan="4">各工序施工质量全部合格，其中优良工序占________%，主要工序达到________等级。各项报验资料________SL 631 标准要求。
单元工程质量等级评定为：________
质检员：　　　（签字，加盖公章）
年　月　日</td></tr>
<tr><td>监理单位
复核意见</td><td colspan="4">经抽检并查验相关检验报告和检验资料，各工序施工质量全部合格，其中优良工序占________%，主要工序达到________等级。各项报验资料________SL 631 标准要求。
单元工程质量等级核定为：________
监理工程师：　　　（签字，加盖公章）
年　月　日</td></tr>
<tr><td colspan="5">注：本表所填“单元工程量”不作为施工单位工程量结算计量的依据。</td></tr>
</table>

×××工程

表16 混凝土砌石体单元工程施工质量验收评定表（实例）

单位工程名称	溢洪道工程		单元工程量	437m³
分部工程名称	溢流段		施工单位	中国水利水电第××工程局有限公司
单元工程名称、部位	混凝土砌石体		施工日期	2013年6月15—30日
项次	工序名称		工序施工质量验收评定等级	
1	混凝土砌石体层面处理		合格	
2	△混凝土砌石体砌筑		合格	
3	混凝土砌石体伸缩缝		优良	
施工单位自评意见	各工序施工质量全部合格，其中优良工序占 33.3 %，主要工序达到 合格 等级。各项报验资料 符合 SL 631标准要求。 单元工程质量等级评定为： 合格 质检员：×××（签字，加盖公章） 2013年7月30日			
监理单位复核意见	经抽检并查验相关检验报告和检验资料，各工序施工质量全部合格，其中优良工序占 33.3 %，主要工序达到 合格 等级。各项报验资料 符合 SL 631标准要求。 单元工程质量等级核定为： 合格 监理工程师：×××（签字，加盖公章） ××××年××月××日			
注：本表所填“单元工程量”不作为施工单位工程量结算计量的依据。				

表16　混凝土砌石体单元工程施工质量验收评定表

填　表　说　明

填表时必须遵守“填表基本要求”，并符合下列要求。

1. 本填表说明适用于混凝土砌石体单元工程施工质量验收评定表的填写。砌石工程采用的石料和胶结材料如水泥砂浆、混凝土等质量指标应符合设计要求。

2. 单元工程划分：以施工检查验收的区、段、块划分，每一个（道）墩、墙或每一施工段、块的一次连续砌筑层（砌筑高度一般为3～5m）划分为一个单元工程。

3. 单元工程量：填写本单元工程混凝土砌石体工程量（m^3）。

4. 混凝土砌石体单元工程施工宜分为混凝土砌石体层面处理、混凝土砌石体砌筑、混凝土砌石体伸缩缝3个工序，其中混凝土砌石体砌筑工序为主要工序，用△标注。本表是在表16.1～表16.3工序施工质量验收评定合格的基础上进行。

5. 单元工程质量要求。

（1）合格等级标准。

1）各工序施工质量验收评定应全部合格。

2）各项报验资料应符合SL 631的要求。

（2）优良等级标准。

1）各工序施工质量验收评定应全部合格，其中优良工序应达到50％及以上，且主要工序应达到优良等级。

2）各项报验资料应符合SL 631的要求。

6. 混凝土砌石体单元工程施工质量验收评定应包括下列资料。

（1）混凝土砌石体层面处理工序施工质量验收评定表，各项检验项目检验记录资料。

（2）混凝土砌石体砌筑工序施工质量验收评定表，各项检验项目检验记录资料。

（3）混凝土砌石体伸缩缝（填充材料）工序施工质量验收评定表，各项检验项目检验记录资料及实体检验项目检验记录资料。

（4）原材料、半成品、混凝土拌和物与各项实体检验项目的试验检测记录、厂家质量证明书、见证取样记录。

（5）监理单位混凝土砌石体层面处理、混凝土砌石体砌筑、混凝土砌石体伸缩缝（填充材料）3个工序施工质量各项检验项目平行检测资料。

7. 若本混凝土砌石体单元工程在项目划分时确定为关键部位单元工程时，应按《水利水电工程施工检验与评定规程》（SL 176—2007）要求，另外需填写该规程附录1“关键部位单元工程质量等级签证表”，且提交此表附件资料。

____________工程

表 16.1　混凝土砌石体层面处理工序施工质量验收评定表（样表）

<table>
<tr><td colspan="2">单位工程名称</td><td></td><td>工序编号</td><td colspan="3"></td></tr>
<tr><td colspan="2">分部工程名称</td><td></td><td>施工单位</td><td colspan="3"></td></tr>
<tr><td colspan="2">单元工程名称、部位</td><td></td><td>施工日期</td><td colspan="3">年　月　日— 年　月　日</td></tr>
<tr><td colspan="2">项次</td><td>检验项目</td><td>质量要求</td><td>检查（检测）记录</td><td>合格数</td><td>合格率/%</td></tr>
<tr><td rowspan="2">主控项目</td><td>1</td><td>砌体仓面清理</td><td>仓面干净，表面湿润均匀。无浮渣，无杂物，无积水，无松动石块</td><td></td><td></td><td></td></tr>
<tr><td>2</td><td>表面处理</td><td>垫层混凝土表面、砌石体表面局部光滑的砂浆表面应凿毛，毛面面积应不小于95%的总面积</td><td></td><td></td><td></td></tr>
<tr><td>一般项目</td><td>1</td><td>垫层混凝土</td><td>已浇垫层混凝土，在抗压强度未达到设计要求前，不应在其面层上进行上层砌石的准备工作</td><td></td><td></td><td></td></tr>
<tr><td colspan="2">施工单位自评意见</td><td colspan="5">主控项目检验结果全部符合合格质量标准，一般项目逐项检验点的合格率均大于或等于______%，且不合格点不集中分布。各项报验资料______SL 631标准要求。
工序质量等级评定为：______
质检员：　　（签字，加盖公章）
年　月　日</td></tr>
<tr><td colspan="2">监理单位复核意见</td><td colspan="5">经复核，主控项目检验结果全部符合合格质量标准，一般项目逐项检验点的合格率均大于或等于______%，且不合格点不集中分布。各项报验资料______SL 631标准要求。
工序质量等级核定为：______
监理工程师：　　（签字，加盖公章）
年　月　日</td></tr>
</table>

×××工程

表 16.1 混凝土砌石体层面处理工序施工质量验收评定表（实例）

<table>
<tr><td colspan="3">单位工程名称</td><td>溢洪道工程</td><td>工序编号</td><td colspan="3">—</td></tr>
<tr><td colspan="3">分部工程名称</td><td>溢流段工程</td><td>施工单位</td><td colspan="3">中国水利水电第××工程局有限公司</td></tr>
<tr><td colspan="3">单元工程名称、部位</td><td>混凝土砌石体</td><td>施工日期</td><td colspan="3">2013年6月15—20日</td></tr>
<tr><td colspan="2">项次</td><td>检验项目</td><td>质量要求</td><td colspan="2">检查（检测）记录</td><td>合格数</td><td>合格率/%</td></tr>
<tr><td rowspan="2">主控项目</td><td>1</td><td>砌体仓面清理</td><td>仓面干净，表面湿润均匀。无浮渣，无杂物，无积水，无松动石块</td><td colspan="2">—</td><td>—</td><td>—</td></tr>
<tr><td>2</td><td>表面处理</td><td>垫层混凝土表面、砌石体表面局部光滑的砂浆表面应凿毛，毛面面积应不小于95%的总面积</td><td colspan="2">垫层混凝土表面、砌石体表面局部光滑的砂浆表面全部凿毛，毛面面积为97%的总面积</td><td>—</td><td>100</td></tr>
<tr><td>一般项目</td><td>1</td><td>垫层混凝土</td><td>已浇垫层混凝土，在抗压强度未达到设计要求前，不应在其面层上进行上层砌石的准备工作</td><td colspan="2">混凝土垫层抗压强度达到设计要求后，开始上层砌石的准备工作</td><td>4</td><td>80.0</td></tr>
<tr><td colspan="2">施工单位自评意见</td><td colspan="6">主控项目检验结果全部符合合格质量标准，一般项目逐项检验点的合格率均大于或等于 70 %，且不合格点不集中分布。各项报验资料 符合 SL 631标准要求。
工序质量等级评定为：合格
质检员：×××（签字，加盖公章）
2013年6月20日</td></tr>
<tr><td colspan="2">监理单位复核意见</td><td colspan="6">经复核，主控项目检验结果全部符合合格质量标准，一般项目逐项检验点的合格率均大于或等于 70 %，且不合格点不集中分布。各项报验资料 符合 SL 631标准要求。
工序质量等级核定为：合格
监理工程师：×××（签字，加盖公章）
××××年××月××日</td></tr>
</table>

表 16.1　混凝土砌石体层面处理工序施工质量验收评定表

填　表　说　明

填表时必须遵守"填表基本要求"，并符合下列要求。

1. 本填表说明适用于混凝土砌石体层面处理工序施工质量验收评定表的填写。

2. 单位工程、分部工程、单元工程名称及部位填写要与表 16 相同。

3. 工序编号：用于档案计算机管理，实例用"—"表示。

4. 检验（检测）项目的检验（检测）方法及数量和填表说明应按下表执行。

检验项目	检验方法	检验数量	填写说明
砌体仓面清理	观察、查阅验收记录	全数检查	填写砌体仓面是否已清理。表面应保持湿润均匀，无浮渣，无杂物，无积水，无松动石块
表面处理	观察、方格网法量测	整个砌筑面	第一层为垫层混凝土表面、其他层面表面光滑的砂浆表面应全部凿毛
垫层混凝土	观察、查阅施工记录	全数检查	上层施工时垫层混凝土应达到设计强度要求

5. 工序质量要求。

(1) 合格等级标准。

1) 主控项目，检验结果应全部符合 SL 631 的要求。

2) 一般项目，逐项应有 70%及以上的检验点合格，且不合格点不应集中。

3) 各项报验资料应符合 SL 631 的要求。

(2) 优良等级标准。

1) 主控项目，检验结果应全部符合 SL 631 的要求。

2) 一般项目，逐项应有 90%及以上的检验点合格，且不合格点不应集中。

3) 各项报验资料应符合 SL 631 的要求。

6. 混凝土砌石体层面处理工序施工质量验收评定应提交下列资料。

(1) 施工单位混凝土砌石体层面处理工序施工质量验收"三检"记录表。

(2) 监理单位混凝土砌石体层面处理工序施工质量各检验项目平行检测资料。

______工程

表 16.2　混凝土砌石体砌筑工序施工质量验收评定表（样表）

单位工程名称		工序编号	
分部工程名称		施工单位	
单元工程名称、部位		施工日期	

项次		检验项目		质量要求		检查（检测）记录	合格数	合格率/%
主控项目	1	石料表观质量		石料规格应符合设计要求，表面湿润，无泥垢及油渍等污物				
	2	砌石体砌筑		混凝土铺设均匀，无裸露石块；砌石体灌注、塞缝混凝土饱满，砌缝密实，无架空现象				
	3	腹石砌筑型式		粗料石砌筑，宜一丁一顺或一丁多顺；毛石砌筑，石块之间不应出现线或面接触				
	4	砌石体质量		强度、密度、孔隙率应符合设计要求				
一般项目	1	混凝土维勃稠度或坍落度（7～9cm）		拌和物均匀，混凝土维勃稠度偏离设计中值不大于 2s 或坍落度偏离设计中值不大于 2cm				
	2	表面砌缝宽度允许偏差		类别：粗料石 / 预制块 / √块石 平缝：25～30mm / 20～25mm / 30～35mm 竖缝：30～40mm / 25～30mm / 30～50mm				
	3	混凝土砌石体的外轮廓尺寸	混凝土砌石坝体的外轮廓尺寸允许偏差	坝体轮廓线　平面	−40～+40mm			
				坝体轮廓线　高程　重力坝	−30～+30mm			
				坝体轮廓线　高程　拱坝、支墩坝	−20～+20mm			
				浆砌石（混凝土预制块）护坡　表面平整度	0～+30mm			
				浆砌石（混凝土预制块）护坡　厚度	−30～+30mm			
				浆砌石（混凝土预制块）护坡　坡度（1：3）	−2%～+2%			
			混凝土砌石墩、墙砌体尺寸、位置允许偏差	轴线位置偏移	−10～+10mm			
				顶面高程（设计高程 525.066m）	−15～+15mm			
				厚度　设闸门部位	−10～+10mm			
				厚度　无闸门部位	−20～+20mm			
			混凝土砌石溢洪道溢流面砌筑结构尺寸允许偏差	砌缝类别　平缝宽 15mm	−2～+2mm			
				砌缝类别　竖缝宽 15～20mm	−2～+2mm			
				平面控制　堰顶	−10～+10mm			
				平面控制　轮廓线	−20～+20mm			
				竖向控制　堰顶	−10～+10mm			
				竖向控制　其他位置	−20～+20mm			
				表面平整度	0～+20mm			
施工单位自评意见	主控项目检验结果全部符合合格质量标准，一般项目逐项检验点的合格率均大于或等于______%，且不合格点不集中分布。各项报验资料______SL 631 标准要求。 工序质量等级评定为：______ 质检员：　　（签字，加盖公章） 年　月　日							
监理单位复核意见	经复核，主控项目检验结果全部符合合格质量标准，一般项目逐项检验点的合格率均大于或等于______%，且不合格点不集中分布。各项报验资料______SL 631 标准要求。 工序质量等级核定为：______ 监理工程师：　　（签字，加盖公章） 年　月　日							

×××工程

表 16.2 混凝土砌石体砌筑工序施工质量验收评定表（实例）

单位工程名称	溢洪道工程	工序编号	—
分部工程名称	溢流段	施工单位	中国水利水电第××工程局有限公司
单元工程名称、部位	混凝土砌石体	施工日期	2013年6月21—30日

项次		检验项目			质量要求	检查（检测）记录	合格数	合格率/%
主控项目	1	石料表观质量			石料规格应符合设计要求，表面湿润，无泥垢及油渍等污物	石料规格符合设计要求，表面湿润，无泥垢、油渍等	—	100
	2	砌石体砌筑			混凝土铺设均匀，无裸露石块；砌石体灌注、塞缝混凝土饱满，砌缝密实，无架空现象	混凝土铺设均匀、砌缝密实，无架空	3	100
	3	腹石砌筑型式			粗料石砌筑，宜一丁一顺或一丁多顺；毛石砌筑，石块之间不应出现线或面接触	砌筑采用一丁一顺，毛石砌筑石块之间未出现线或面接触	—	100
	4	砌石体质量			强度、密度、孔隙率应符合设计要求	块石试验一组其抗渗性、密度、孔隙率符合设计要求	1	100
一般项目	1	混凝土维勃稠度或坍落度（7～9cm）			拌和物均匀，混凝土维勃稠度偏离设计中值不大于2s或坍落度偏离设计中值不大于2cm	坍落度：6.8cm、7.4cm、8.5cm、7.9cm、9.1cm、8.8cm、5.9cm、8.2cm	7	87.5
	2	表面砌缝宽度允许偏差	类别		粗料石；预制块；√块石	平：33mm、34mm、34mm、35mm、37mm；竖：38mm、36mm、47mm、37mm、44mm	9	90.0
			平缝		25～30mm；20～25mm；30～35mm			
			竖缝		30～40mm；25～30mm；30～50mm			
	3	混凝土砌石体的外轮廓尺寸：混凝土砌石坝体的外轮廓尺寸允许偏差	坝体轮廓线	平面	-40～+40mm	—	—	—
			坝体轮廓线 高程	重力坝	-30～+30mm			
			坝体轮廓线 高程	拱坝、支墩坝	-20～+20mm			
			浆砌石（混凝土预制块）护坡	表面平整度	0～+30mm			
			浆砌石（混凝土预制块）护坡	厚度	-30～+30mm			
			浆砌石（混凝土预制块）护坡	坡度（1：3）	-2%～+2%			
		混凝土砌石墩、墙砌体尺寸、位置允许偏差	轴线位置偏移		-10～+10mm	—	—	—
			顶面高程（设计高程525.066m）		-15～+15mm			
			厚度	设闸门部位	－10～＋10mm			
			厚度	无闸门部位	－20～＋20mm			
		混凝土砌石溢洪道溢流面砌筑结构尺寸允许偏差	砌缝类别	平缝宽15mm	－2～＋2mm	14mm、18mm、15mm、16mm、15mm	5	100
			砌缝类别	竖缝宽15～20mm	－2～＋2mm	16mm、18mm、20mm、16mm、15mm	5	100
			平面控制	堰顶	－10～＋10mm	+7mm、-4mm、+9mm、+12mm、-5mm	4	80.0
			平面控制	轮廓线	－20～＋20mm	+15mm、-17mm、+16mm、+7mm	4	100
			竖向控制	堰顶	－10～＋10mm	+4mm、-8mm、+7mm、-5mm、+9mm	5	100
			竖向控制	其他位置	－20～＋20mm	—	—	—
			表面平整度		0～＋20mm	18mm、14mm、6mm、9mm、22mm、8mm	5	83.3
施工单位自评意见		主控项目检验结果全部符合合格质量标准，一般项目逐项检验点的合格率均大于或等于 70 %，且不合格点不集中分布。各项报验资料 符合 SL 631标准要求。 工序质量等级评定为： 合格 质检员：×××（签字，加盖公章） 2013年6月30日						
监理单位复核意见		经复核，主控项目检验结果全部符合合格质量标准，一般项目逐项检验点的合格率均大于或等于 70 %，且不合格点不集中分布。各项报验资料 符合 SL 631标准要求。 工序质量等级核定为： 合格 监理工程师：×××（签字，加盖公章） ××××年××月××日						

表 16.2　混凝土砌石体砌筑工序施工质量验收评定表

填　表　说　明

填表时必须遵守“填表基本要求”，并符合下列要求。

1. 本填表说明适用于混凝土砌石体砌筑工序施工质量验收评定表的填写。

2. 单位工程、分部工程、单元工程名称及部位填写要与表 16 相同。

3. 工序编号：用于档案计算机管理，实例用“—”表示。

4. 检验（检测）项目的检验（检测）方法及数量和填表说明应按下表执行。

<table>
<tr><th colspan="5">检验项目</th><th>检验方法</th><th>检验数量</th><th>填写说明</th></tr>
<tr><td colspan="5">石料表观质量</td><td>观察、测量</td><td>逐块观察、测量。根据料源情况抽验1～3组，但每一种材料至少抽验1组</td><td>根据石料试验报告，描述石料表观质量，最大、最小块石尺寸及重量是否满足设计要求（附块石试验报告）</td></tr>
<tr><td colspan="5">砌石体砌筑</td><td>观察、翻撬检查</td><td>翻撬抽检每个单元不少于3块</td><td>翻撬抽检3处，混凝土应铺设均匀、砌缝密实，无架空</td></tr>
<tr><td colspan="5">腹石砌筑型式</td><td>现场观察</td><td>每 100m² 坝面抽查1处，每处面积不小于 10m²，每个单元不应少于3处</td><td>砌筑应采用一丁一顺，毛石砌筑应未出现线或面接触</td></tr>
<tr><td colspan="5">砌石体质量</td><td>试坑法</td><td>坝高1/3以下，每砌筑10m高挖试坑1组；坝高1/3～2/3处，每砌筑15m高挖试坑1组；坝高2/3以上，每砌筑20m高挖试坑1组</td><td>—</td></tr>
<tr><td colspan="5">混凝土维勃稠度或坍落度</td><td>现场抽检</td><td>每班不少于3次</td><td>填写试验数据</td></tr>
<tr><td colspan="5">表面砌缝宽度允许偏差</td><td>观察、测量</td><td>每砌筑表面 10m² 抽检1处，每个单元工程不少于10处，每处检查不少于1m缝长</td><td>填写实测值</td></tr>
<tr><td rowspan="6">混凝土砌石体的外轮廓尺寸</td><td rowspan="6">混凝土砌石坝体的外轮廓尺寸允许偏差</td><td rowspan="3">坝体轮廓线</td><td colspan="2">平面</td><td rowspan="6">仪器测量</td><td rowspan="2">沿坝轴线方向每10～20m校核1个点，每个单元工程不少于10个点</td><td rowspan="6"></td></tr>
<tr><td rowspan="2">高程</td><td>重力坝</td></tr>
<tr><td>拱坝、支墩坝</td><td>沿坝轴线方向每3～5m校核1个点，每个单元工程不少于20个点</td></tr>
<tr><td rowspan="3">浆砌石（混凝土预制块）护坡</td><td colspan="2">表面平整度</td><td>每个单元检测点数不少于25～30个点</td></tr>
<tr><td colspan="2">厚度</td><td>每 100m² 测3个点</td></tr>
<tr><td colspan="2">坡度</td><td>每个单元实测断面不少于2个点</td></tr>
</table>

续表

<table>
<tr><th colspan="4">检验项目</th><th>检验方法</th><th>检验数量</th><th>填写说明</th></tr>
<tr><td rowspan="8">混凝土砌石体的外轮廓尺寸</td><td rowspan="4">混凝土砌石墩、墙砌体尺寸、位置允许偏差</td><td colspan="2">轴线位置偏移</td><td>经纬仪、拉线测量</td><td>每10延米检查1个点</td><td rowspan="4">—</td></tr>
<tr><td colspan="2">顶面高程</td><td>水准仪测量</td><td>每10延米检查1个点</td></tr>
<tr><td rowspan="2">厚度</td><td>设闸门部位</td><td rowspan="2">测量检查</td><td>每1延米检查1个点</td></tr>
<tr><td>无闸门部位</td><td>测量检查，每5延米检查1个点</td></tr>
<tr><td rowspan="4">混凝土砌石溢洪道溢流面砌筑结构尺寸允许偏差</td><td rowspan="2">砌缝类别</td><td>平缝宽15mm</td><td rowspan="2">测量</td><td rowspan="2">每100m² 抽查1处，每处10m²，每个单元不少于3处</td><td rowspan="2">填写检测偏差数据</td></tr>
<tr><td>竖缝宽15～20mm</td></tr>
<tr><td colspan="2">平面控制与竖向控制</td><td>经纬仪、水准仪测量</td><td>每100m² 抽查20个点</td><td>填写检测偏差数据（附测量成果表）</td></tr>
<tr><td colspan="2">表面平整度</td><td>用2m靠尺检查</td><td>每100m² 抽查20个点</td><td>填写检测数据</td></tr>
</table>

5．工序质量要求。

（1）合格等级标准。

1）主控项目，检验结果应全部符合SL 631的要求。

2）一般项目，逐项应有70%及以上的检验点合格，且不合格点不应集中。

3）各项报验资料应符合SL 631的要求。

（2）优良等级标准。

1）主控项目，检验结果应全部符合SL 631的要求。

2）一般项目，逐项应有90%及以上的检验点合格，且不合格点不应集中。

3）各项报验资料应符合SL 631的要求。

6．混凝土砌石体砌筑工序施工质量验收评定表应提交下列资料。

（1）施工单位混凝土砌石体砌筑工序施工质量验收“三检”记录表。

（2）块石试验报告。

（3）混凝土坍落度试验检测资料。

（4）溢洪道溢流面砌筑结构尺寸平面控制与竖向控制测量成果表及原始测量记录。

（5）监理单位混凝土砌石体砌筑工序施工质量各检验项目平行检测资料。

______工程

表 16.3　混凝土砌石体伸缩缝工序施工质量验收评定表（样表）

单位工程名称				工序编号		
分部工程名称				施工单位		
单元工程名称、部位				施工日期	年　月　日—　年　月　日	
项次		检验项目	质量要求	检查（检测）记录	合格数	合格率/%
主控项目	1	伸缩缝缝面	平整、顺直、干燥，外露铁件应割除，确保伸缩有效			
	2	材料质量	设计要求采用聚氯乙烯胶泥			
一般项目	1	涂敷沥青料	涂刷均匀平整、与混凝土黏接紧密，无气泡及隆起现象			
	2	粘贴沥青油毛毡	铺设厚度均匀平整、牢固、搭接紧密			
	3	铺设预制油毡板或其他闭缝板	铺设厚度均匀平整、牢固、相邻块安装紧密平整无缝			
施工单位自评意见	主控项目检验结果全部符合合格质量标准，一般项目逐项检验点的合格率均大于或等于______%，且不合格点不集中分布。各项报验资料______SL 631 标准要求。 工序质量等级评定为：______ 质检员：　（签字，加盖公章） 年　月　日					
监理单位复核意见	经复核，主控项目检验结果全部符合合格质量标准，一般项目逐项检验点的合格率均大于或等于______%，且不合格点不集中分布。各项报验资料______SL 631 标准要求。 工序质量等级核定为：______ 监理工程师：　（签字，加盖公章） 年　月　日					

×××工程

表 16.3　混凝土砌石体伸缩缝工序施工质量验收评定表（实例）

<table>
<tr><td colspan="2">单位工程名称</td><td colspan="2">溢洪道工程</td><td>工序编号</td><td colspan="3">—</td></tr>
<tr><td colspan="2">分部工程名称</td><td colspan="2">溢流段</td><td>施工单位</td><td colspan="3">中国水利水电第××工程局有限公司</td></tr>
<tr><td colspan="2">单元工程名称、部位</td><td colspan="2">混凝土砌石体</td><td>施工日期</td><td colspan="3">2013 年 6 月 21—30 日</td></tr>
<tr><td colspan="2">项次</td><td>检验项目</td><td>质量要求</td><td colspan="2">检查（检测）记录</td><td>合格数</td><td>合格率/%</td></tr>
<tr><td rowspan="2">主控项目</td><td>1</td><td>伸缩缝缝面</td><td>平整、顺直、干燥，外露铁件应割除，确保伸缩有效</td><td colspan="2">缝面平整、顺直、干燥、外露铁件已割除，伸缩有效</td><td>—</td><td>100</td></tr>
<tr><td>2</td><td>材料质量</td><td>设计要求采用聚氯乙烯胶泥</td><td colspan="2">伸缩缝材料质量合格</td><td>—</td><td>100</td></tr>
<tr><td rowspan="3">一般项目</td><td>1</td><td>涂敷沥青料</td><td>涂刷均匀平整、与混凝土黏接紧密，无气泡及隆起现象</td><td colspan="2">—</td><td>—</td><td>—</td></tr>
<tr><td>2</td><td>粘贴沥青油毛毡</td><td>铺设厚度均匀平整、牢固、搭接紧密</td><td colspan="2">—</td><td>—</td><td>—</td></tr>
<tr><td>3</td><td>铺设预制油毡板或其他闭缝板</td><td>铺设厚度均匀平整、牢固、相邻块安装紧密平整无缝</td><td colspan="2">聚氯乙烯胶泥铺设厚度均匀平整、牢固、相邻块安装紧密平整无缝</td><td>2</td><td>100</td></tr>
<tr><td colspan="2">施工单位自评意见</td><td colspan="6">主控项目检验结果全部符合合格质量标准，一般项目逐项检验点的合格率均大于或等于 <u>90</u> %，且不合格点不集中分布。各项报验资料 <u>符合</u> SL 631 标准要求。
工序质量等级评定为：<u>优良</u>
质检员：×××（签字，加盖公章）
2013 年 6 月 30 日</td></tr>
<tr><td colspan="2">监理单位复核意见</td><td colspan="6">经复核，主控项目检验结果全部符合合格质量标准，一般项目逐项检验点的合格率均大于或等于 <u>90</u> %，且不合格点不集中分布。各项报验资料 <u>符合</u> SL 631 标准要求。
工序质量等级核定为：<u>优良</u>
监理工程师：×××（签字，加盖公章）
××××年××月××日</td></tr>
</table>

表 16.3 混凝土砌石体伸缩缝工序施工质量验收评定表

填 表 说 明

填表时必须遵守“填表基本要求”，并符合下列要求。

1. 本填表说明适用于混凝土砌石体伸缩缝工序施工质量验收评定表的填写。

2. 单位工程、分部工程、单元工程名称及部位填写要与表 16 相同。

3. 工序编号：用于档案计算机管理，实例用“—”表示。

4. 检验（检测）项目的检验（检测）方法及数量和填表说明应按下表执行。

检验项目	检验方法	检验数量	填写说明
伸缩缝缝面	观察	全部	填写伸缩缝外观是否平整、顺直、干燥，伸缩是否有效
材料质量	观察、抽查试验		填写设计伸缩缝材料为聚氯乙烯胶泥，伸缩缝材料是否与设计要求一致
涂敷沥青料	观察	全部	针对不同伸缩缝材料选择一项填写
粘贴沥青油毛毡	观察	全部	—
铺设预制油毡板或其他闭缝板	观察	全部	—

5. 工序质量要求。

(1) 合格等级标准。

1) 主控项目，检验结果应全部符合 SL 631 的要求。

2) 一般项目，逐项应有 70%及以上的检验点合格，且不合格点不应集中。

3) 各项报验资料应符合 SL 631 的要求。

(2) 优良等级标准。

1) 主控项目，检验结果应全部符合 SL 631 的要求。

2) 一般项目，逐项应有 90%及以上的检验点合格，且不合格点不应集中。

3) 各项报验资料应符合 SL 631 的要求。

6. 水泥砂浆砌石体伸缩缝（填充材料）工序施工质量验收评定应提交下列资料。

(1) 施工单位混凝土砌石体伸缩缝（填充材料）工序施工质量验收“三检”记录表。

(2) 监理单位混凝土砌石体伸缩缝（填充材料）工序施工质量各检验项目平行检测资料。

________工程

表17　水泥砂浆勾缝单元工程施工质量验收评定表（样表）

<table>
<tr><td colspan="4">单位工程名称</td><td></td><td>单元工程量</td><td colspan="2"></td></tr>
<tr><td colspan="4">分部工程名称</td><td></td><td>施工单位</td><td colspan="2"></td></tr>
<tr><td colspan="4">单元工程名称、部位</td><td></td><td>施工日期</td><td colspan="2">年　月　日—　年　月　日</td></tr>
<tr><td colspan="2">项次</td><td colspan="2">检验项目</td><td>质量要求</td><td>检查（检测）记录</td><td>合格数</td><td>合格率/%</td></tr>
<tr><td rowspan="4">主控项目</td><td rowspan="2">1</td><td rowspan="2">清缝</td><td>水平缝</td><td>清缝宽度不小于砌缝宽度，清缝深度不小于4cm，缝槽清洗干净，缝面湿润，无残留灰渣和积水</td><td></td><td></td><td></td></tr>
<tr><td>竖缝</td><td>清缝宽度不小于砌缝宽度，清缝深度不小于5cm，缝槽清洗干净，缝面湿润，无残留灰渣和积水</td><td></td><td></td><td></td></tr>
<tr><td>2</td><td colspan="2">勾缝</td><td>勾缝型式符合设计要求，分次向缝内填充、压实，密实度达到要求，砂浆初凝后不应扰动</td><td></td><td></td><td></td></tr>
<tr><td>3</td><td colspan="2">养护</td><td>有效及时，一般砌体养护28d；对有防渗要求的砌体养护时间应满足设计要求。养护期内表面保持湿润，无时干时湿现象</td><td></td><td></td><td></td></tr>
<tr><td>一般项目</td><td>1</td><td colspan="2">水泥砂浆沉入度</td><td>符合设计要求（设计沉入度6～8cm），允许偏差为−1～+1cm（5～9cm）</td><td></td><td></td><td></td></tr>
<tr><td colspan="2">施工单位自评意见</td><td colspan="6">主控项目检验结果全部符合合格质量标准，一般项目逐项检验点的合格率均大于或等于________%，且不合格点不集中分布。各项报验资料________SL 631标准要求。
单元工程质量等级评定为：________

质检员：　　　（签字，加盖公章）
年　月　日</td></tr>
<tr><td colspan="2">监理单位复核意见</td><td colspan="6">经复核，主控项目检验结果全部符合合格质量标准，一般项目逐项检验点的合格率均大于或等于________%，且不合格点不集中分布。各项报验资料________SL 631标准要求。
单元工程质量等级核定为：________

监理工程师：　　　（签字，加盖公章）
年　月　日</td></tr>
<tr><td colspan="8">注：本表所填“单元工程量”不作为施工单位工程量结算计量的依据。</td></tr>
</table>

×××　工程

表 17　水泥砂浆勾缝单元工程施工质量验收评定表（实例）

单位工程名称		坝体工程	单元工程量	76m^2	
分部工程名称		防浪墙工程	施工单位	×××水利水电有限公司	
单元工程名称、部位		水泥砂浆勾缝工程	施工日期	2013 年 7 月 1—25 日	
项次	检验项目	质量要求	检查（检测）记录	合格数	合格率/%
主控项目 1	清缝 水平缝	清缝宽度不小于砌缝宽度，清缝深度不小于 4cm，缝槽清洗干净，缝面湿润，无残留灰渣和积水	清缝宽度全部大于砌缝宽度，检测清缝深度 25 点，测值在 4～5.5cm，其中 2 点测值小于 45cm，缝槽清洗干净，缝面湿润，无残留灰渣和积水	25	100
主控项目 1	清缝 竖缝	清缝宽度不小于砌缝宽度，清缝深度不小于 5cm，缝槽清洗干净，缝面湿润，无残留灰渣和积水	清缝宽度全部大于砌缝宽度，检测清缝深度 25 点，测值在 5～6cm，缝槽清洗干净，缝面湿润，无残留灰渣和积水	25	100
主控项目 2	勾缝	勾缝型式符合设计要求，分次向缝内填充、压实，密实度达到要求，砂浆初凝后不应扰动	分次向缝内填充、压实，检测密实度 10 处，全部达到要求，砂浆初凝后无扰动	10	100
主控项目 3	养护	有效及时，一般砌体养护 28d；对有防渗要求的砌体养护时间应满足设计要求。养护期内表面保持湿润，无时干时湿现象	养护有效及时，砌体养护 28d；养护期内表面保持湿润，无时干时湿现象	—	100
一般项目 1	水泥砂浆沉入度	符合设计要求（设计沉入度 6～8cm），允许偏差为 −1～+1cm（5～9cm）	检测 30 点，测值在 5～10cm 范围内，2 点测值不符合要求	28	93.3
施工单位自评意见	主控项目检验结果全部符合合格质量标准，一般项目逐项检验点的合格率均大于或等于 <u>90</u> %，且不合格点不集中分布。各项报验资料 <u>符合</u> SL 631 标准要求。 单元工程质量等级评定为：<u>优良</u> 质检员：×××（签字，加盖公章） 2013 年 7 月 26 日				
监理单位复核意见	经复核，主控项目检验结果全部符合合格质量标准，一般项目逐项检验点的合格率均大于或等于 <u>90</u> %，且不合格点不集中分布。各项报验资料 <u>符合</u> SL 631 标准要求。 单元工程质量等级核定为：<u>优良</u> 监理工程师：×××（签字，加盖公章） ××××年××月××日				
注：本表所填“单元工程量”不作为施工单位工程量结算计量的依据。					

表17　水泥砂浆勾缝单元工程施工质量验收评定表

填　表　说　明

填表时必须遵守“填表基本要求”，并符合下列要求。

1. 本填表说明适用于水泥砂浆勾缝单元工程施工质量验收评定表的填写。本表适用于浆砌石体迎水面水泥砂浆防渗砌体勾缝，其他部位的水泥砂浆勾缝可参照执行。勾缝采用的水泥砂浆应单独拌制，不应与砌筑砂浆混用。

2. 单元工程划分：以水泥砂浆勾缝的砌体面积或相应的砌体分段、分块划分。

3. 单元工程量：填写本单元工程水泥砂浆勾缝面积（m^2）。

4. 检验（检测）项目的检验（检测）方法及数量及填表说明按下表执行。

检验项目	检验方法	检验数量	填写说明
清缝	观察、测量	每 $10m^2$ 砌体表面抽检不少于5处，每处不少于1m缝长	清缝宽度应全部大于砌缝宽度，应填写检测清缝深度点数及测值范围，缝槽应清洗干净，缝面湿润，无残留灰渣和积水
			清缝宽度应全部大于砌缝宽度，应填写检测清缝深度点数及测值范围，缝槽应清洗干净，缝面湿润，无残留灰渣和积水
勾缝	砂浆初凝前通过压触对比抽检勾缝的密实度。抽检压触深度不应大于0.5cm	每 $100m^2$ 砌体表面至少抽检10处，每处不少于1m缝长	应分次向缝内填充、压实，填写检测密实度及检测结果，填写砂浆初凝后有无扰动
养护	观察、检查施工记录	全数检查	应填写养护是否有效及时，砌体养护天数；填写养护期内表面是否保持湿润，有无时干时湿现象
水泥砂浆沉入度	现场抽检	每班不少于3次	填写设计沉入度检测点数及测值范围（附试验检测记录）

5. 单元工程质量要求。

(1) 合格等级标准。

1) 各工序施工质量验收评定应全部合格。

2) 各项报验资料应符合 SL 631 的要求。

(2) 优良等级标准。

1) 各工序施工质量验收评定应全部合格，其中优良工序应达到50%及以上，且主要工序应达到优良等级。

2) 各项报验资料应符合 SL 631 的要求。

6. 水泥砂浆勾缝单元工程施工质量验收评定表应包括下列资料。

(1) 水泥砂浆勾缝单元工程施工质量验收评定表，各项检验项目检验记录资料。

(2) 砂浆沉入度试验成果。

(3) 监理单位水泥砂浆勾缝单元工程施工质量各检验项目平行检测资料。

________工程

表 18　土工织物滤层与排水单元工程施工质量验收评定表（样表）

单位工程名称		单元工程量	
分部工程名称		施工单位	
单元工程名称、部位		施工日期	年　月　日— 　年　月　日

项次	工序名称	工序施工质量验收评定等级
1	场地清理与垫层料铺设	
2	织物备料	
3	△土工织物铺设	
4	回填和表面防护	
施工单位自评意见	各工序施工质量全部合格，其中优良工序占________%，主要工序达到________等级。各项报验资料________SL 631 标准要求。 单元工程质量等级评定为：________ 质检员：　　（签字，加盖公章） 年　月　日	
监理单位复核意见	经抽检并查验相关检验报告和检验资料，各工序施工质量全部合格，其中优良工序占________%，主要工序达到________等级。各项报验资料________SL 631 标准要求。 单元工程质量等级核定为：________ 监理工程师：　　（签字，加盖公章） 年　月　日	
注：本表所填“单元工程量”不作为施工单位工程量结算计量的依据。		

×××工程

表 18 土工织物滤层与排水单元工程施工质量验收评定表（实例）

单位工程名称	坝体工程	单元工程量	无纺布铺设 680m²
分部工程名称	干砌石护坡	施工单位	×××省水利水电工程局
单元工程名称、部位	无纺布铺设	施工日期	2013 年 9 月 3—20 日

项次	工序名称	工序施工质量验收评定等级
1	场地清理与垫层料铺设	优良
2	织物备料	优良
3	△土工织物铺设	优良
4	回填和表面防护	优良
施工单位自评意见	各工序施工质量全部合格，其中优良工序占 100 %，主要工序达到 优良 等级。各项报验资料 符合 SL 631 标准要求。 单元工程质量等级评定为：优良 质检员：×××（签字，加盖公章） 2013 年 9 月 21 日	
监理单位复核意见	经抽检并查验相关检验报告和检验资料，各工序施工质量全部合格，其中优良工序占 100 %，主要工序达到 优良 等级。各项报验资料 符合 SL 631 标准要求。 单元工程质量等级核定为：优良 监理工程师：×××（签字，加盖公章） ××××年××月××日	

注：本表所填“单元工程量”不作为施工单位工程量结算计量的依据。

表18 土工织物滤层与排水单元工程施工质量验收评定表

填表说明

填表时必须遵守“填表基本要求”，并符合下列要求。

1. 本填表说明适用于土工织物滤层与排水单元工程施工质量验收评定表的填写。本表适用于土工织物滤层与排水工程。土工合成材料的结构型式和材料的质量指标应符合设计要求。

2. 单元工程划分：以设计和施工铺设的区、段划分。平面形式每500～1000m^2划分为一个单元工程；圆形、菱形或梯形断面（包括盲沟）形式每50～100延米划分为一个单元工程。

3. 单元工程量：填写本单元土工织物滤层与排水面积（m^2）。

4. 土工织物滤层与排水施工单元工程宜分为场地清理与垫层料铺设、织物备料、土工织物铺设、回填和表面防护4个工序，其中土工织物铺设工序为主要工序，用△标注。本表是在表18.1～表18.4工序施工质量验收评定合格的基础上进行。

5. 单元工程质量要求。

（1）合格等级标准。

1）各工序施工质量验收评定应全部合格。

2）各项报验资料应符合SL 631的要求。

（2）优良等级标准。

1）各工序施工质量验收评定应全部合格，其中优良工序应达到50%及以上，且主要工序应达到优良等级。

2）各项报验资料应符合SL 631的要求。

6. 土工织物滤层与排水单元工程施工质量验收评定表应包括下列资料。

（1）场地清理与垫层料铺设工序施工质量验收评定表，各项检验项目检验记录资料。

（2）织物备料工序施工质量评定验收表，各项检验项目检验记录资料及实体检验项目检验记录资料。

（3）土工织物铺设工序施工质量评定验收表，各项检验项目检验记录资料及实体检验项目检验记录资料。

（4）回填和表面防护工序施工质量评定验收表，各项检验项目检验记录资料。

（5）监理单位的场地清理与垫层料铺设、织物备料、土工织物铺设、回填和表面防护4个工序施工质量各检验项目平行检测资料。

7. 若本土工织物滤层与排水单元工程在项目划分时确定为关键部位单元工程时，应按《水利水电工程施工检验与评定规程》（SL 176—2007）要求，另外需填写该规程附录1“关键部位单元工程质量等级签证表”，且提交此表附件资料。

______工程

表 18.1　场地清理与垫层料铺设工序施工质量验收评定表（样表）

<table>
<tr><td colspan="3">单位工程名称</td><td></td><td>工序编号</td><td colspan="2"></td></tr>
<tr><td colspan="3">分部工程名称</td><td></td><td>施工单位</td><td colspan="2"></td></tr>
<tr><td colspan="3">单元工程名称、部位</td><td></td><td>施工日期</td><td colspan="2">年　月　日— 　年　月　日</td></tr>
<tr><td colspan="2">项次</td><td>检验项目</td><td>质量要求</td><td>检查（检测）记录</td><td>合格数</td><td>合格率/%</td></tr>
<tr><td rowspan="2">主控项目</td><td>1</td><td>场地清理</td><td>地面无尖棱硬物，无凹坑，基面平整</td><td></td><td></td><td></td></tr>
<tr><td>2</td><td>垫层料的铺填</td><td>铺摊厚度均匀，碾压密实度符合设计要求</td><td></td><td></td><td></td></tr>
<tr><td>一般项目</td><td>1</td><td>场地清理、平整及铺设范围</td><td>场地清理、平整及铺设范围符合设计要求</td><td></td><td></td><td></td></tr>
<tr><td colspan="2">施工单位自评意见</td><td colspan="5">主控项目检验结果全部符合合格质量标准，一般项目逐项检验点的合格率均大于或等于______%，且不合格点不集中分布。各项报验资料______SL 631 标准要求。
工序质量等级评定为：______
质检员：　　（签字，加盖公章）
年　月　日</td></tr>
<tr><td colspan="2">监理单位复核意见</td><td colspan="5">经复核，主控项目检验结果全部符合合格质量标准，一般项目逐项检验点的合格率均大于或等于______%，且不合格点不集中分布。各项报验资料______SL 631 标准要求。
工序质量等级核定为：______
监理工程师：　　（签字，加盖公章）
年　月　日</td></tr>
</table>

×××　工程

表 18.1　场地清理与垫层料铺设工序施工质量验收评定表（实例）

<table>
<tr><td colspan="3">单位工程名称</td><td colspan="2">坝体工程</td><td>工序编号</td><td colspan="2">—</td></tr>
<tr><td colspan="3">分部工程名称</td><td colspan="2">干砌石护坡工程</td><td>施工单位</td><td colspan="2">×××省水利水电工程局</td></tr>
<tr><td colspan="3">单元工程名称、部位</td><td colspan="2">无纺布铺设</td><td>施工日期</td><td colspan="2">2013 年 9 月 3—8 日</td></tr>
<tr><td colspan="2">项次</td><td>检验项目</td><td>质量要求</td><td colspan="2">检查（检测）记录</td><td>合格数</td><td>合格率/%</td></tr>
<tr><td rowspan="2">主控项目</td><td>1</td><td>场地清理</td><td>地面无尖棱硬物，无凹坑，基面平整</td><td colspan="2">地面无硬物，无明显凹坑，基面平整</td><td>—</td><td>100</td></tr>
<tr><td>2</td><td>垫层料的铺填</td><td>铺摊厚度均匀，碾压密实度符合设计要求</td><td colspan="2">—</td><td>—</td><td>—</td></tr>
<tr><td rowspan="2">一般项目</td><td rowspan="2">1</td><td rowspan="2">场地清理、平整及铺设范围</td><td rowspan="2">场地清理（设计清理范围长×宽为 100.5m×50.5m）</td><td colspan="2">长：100.60m、100.50m、100.80m、100.50m、100.65m、100.48m、100.70m、100.90m、100.70m、100.60m</td><td rowspan="2">17</td><td rowspan="2">94.4</td></tr>
<tr><td colspan="2">宽：50.38m、50.62m、50.53m、50.54m、50.68m、50.57m、50.7m、50.66m</td></tr>
<tr><td colspan="2">施工单位自评意见</td><td colspan="6">主控项目检验结果全部符合合格质量标准，一般项目逐项检验点的合格率均大于或等于 90 %，且不合格点不集中分布。各项报验资料 符合 SL 631 标准要求。
工序质量等级评定为：优良
质检员：×××（签字，加盖公章）
2013 年 9 月 8 日</td></tr>
<tr><td colspan="2">监理单位复核意见</td><td colspan="6">经复核，主控项目检验结果全部符合合格质量标准，一般项目逐项检验点的合格率均大于或等于 90 %，且不合格点不集中分布。各项报验资料 符合 SL 631 标准要求。
工序质量等级核定为：优良
监理工程师：×××（签字，加盖公章）
××××年××月××日</td></tr>
</table>

表18.1　场地清理与垫层料铺设工序施工质量验收评定表

填　表　说　明

填表时必须遵守“填表基本要求”，并符合下列要求。

1. 本填表说明适用于场地清理与垫层料铺设工序施工质量验收评定表的填写。

2. 单位工程、分部工程、单元工程名称及部位填写要与表18相同。

3. 工序编号：用于档案计算机管理，实例用“—”表示。

4. 检验（检测）项目的检验（检测）方法及数量和填表说明应按下表执行。

检验项目	检验方法	检验数量	填写说明
场地清理	观察、查阅施工记录	全数检查	填写场地清理地面是否有尖棱硬物，是否有凹坑，基面是否平整
垫层料的铺填	量测、取样试验	铺填厚度每个单元检测30个点；碾压密实度每个单元检测1组	已在垫层单元工程中检测
场地清理、平整及铺设范围	量测	每条边线每10延米检测一点。清整边线应大于土工织物铺设边线外50cm；垫层料的铺填边线不小于土工织物铺设边线	填写清理边线检测值

5. 工序质量要求。

（1）合格等级标准。

1）主控项目，检验结果应全部符合SL 631的要求。

2）一般项目，逐项应有70%及以上的检验点合格，且不合格点不应集中。

3）各项报验资料应符合SL 631的要求。

（2）优良等级标准。

1）主控项目，检验结果应全部符合SL 631的要求。

2）一般项目，逐项应有90%及以上的检验点合格，且不合格点不应集中。

3）各项报验资料应符合SL 631的要求。

6. 场地清理与垫层料铺设工序施工质量验收评定应提交下列资料。

（1）施工单位场地清理与垫层料铺设工序施工质量验收“三检”记录表。

（2）监理单位场地清理与垫层料铺设工序施工质量检验项目平行检测资料。

______工程

表 18.2　　织物备料工序施工质量验收评定表（样表）

<table>
<tr><td colspan="3">单位工程名称</td><td colspan="2"></td><td>工序编号</td><td colspan="3"></td></tr>
<tr><td colspan="3">分部工程名称</td><td colspan="2"></td><td>施工单位</td><td colspan="3"></td></tr>
<tr><td colspan="3">单元工程名称、部位</td><td colspan="2"></td><td>施工日期</td><td colspan="3">年　月　日—　年　月　日</td></tr>
<tr><td colspan="2">项次</td><td colspan="2">检验项目</td><td>质量要求</td><td colspan="2">检查（检测）记录</td><td>合格数</td><td>合格率/%</td></tr>
<tr><td>主控项目</td><td>1</td><td colspan="2">土工织物的性能指标</td><td>土工织物的物理性能指标、力学性能指标、水力学指标，以及耐久性指标均应符合设计要求</td><td colspan="2"></td><td></td><td></td></tr>
<tr><td>一般项目</td><td>1</td><td colspan="2">土工织物的外观质量</td><td>无疵点、破洞等</td><td colspan="2"></td><td></td><td></td></tr>
<tr><td colspan="2">施工单位自评意见</td><td colspan="7">主控项目检验结果全部符合合格质量标准，一般项目逐项检验点的合格率均大于或等于______%，且不合格点不集中分布。各项报验资料______SL 631 标准要求。
工序质量等级评定为：______
质检员：　　（签字，加盖公章）
年　月　日</td></tr>
<tr><td colspan="2">监理单位复核意见</td><td colspan="7">经复核，主控项目检验结果全部符合合格质量标准，一般项目逐项检验点的合格率均大于或等于______%，且不合格点不集中分布。各项报验资料______SL 631 标准要求。
工序质量等级核定为：______
监理工程师：　　（签字，加盖公章）
年　月　日</td></tr>
</table>

×××工程

表 18.2　织物备料工序施工质量验收评定表（实例）

<table>
<tr><td colspan="3">单位工程名称</td><td>坝体工程</td><td>工序编号</td><td colspan="2">—</td></tr>
<tr><td colspan="3">分部工程名称</td><td>干砌石护坡</td><td>施工单位</td><td colspan="2">×××省水利水电工程局</td></tr>
<tr><td colspan="3">单元工程名称、部位</td><td>无纺布铺设</td><td>施工日期</td><td colspan="2">2013 年 9 月 6—8 日</td></tr>
<tr><td colspan="2">项次</td><td>检验项目</td><td>质量要求</td><td>检查（检测）记录</td><td>合格数</td><td>合格率/%</td></tr>
<tr><td>主控项目</td><td>1</td><td>土工织物的性能指标</td><td>土工织物的物理性能指标、力学性能指标、水力学指标，以及耐久性指标均应符合设计要求（无纺布设计指标 400g/m²）</td><td>采用长丝纺黏针刺非织造土工布。厚度不小于 2.8mm，断裂强度不小于 20.5kN/m，断裂伸长率 60%，CBR 顶破强力不小于 3.5kN，等效孔径 0.1mm，垂直渗透系数 4.8cm/s，撕破强力不小于 0.56kN（见检测报告）</td><td>—</td><td>100</td></tr>
<tr><td>一般项目</td><td>1</td><td>土工织物的外观质量</td><td>无疵点、破洞等</td><td>无疵点、破洞等</td><td>—</td><td>100</td></tr>
<tr><td colspan="2">施工单位自评意见</td><td colspan="5">主控项目检验结果全部符合合格质量标准，一般项目逐项检验点的合格率均大于或等于 <u>90</u> %，且不合格点不集中分布。各项报验资料 <u>符合</u> SL 631 标准要求。
工序质量等级评定为： <u>优良</u>
质检员：×××（签字，加盖公章）
2013 年 9 月 8 日</td></tr>
<tr><td colspan="2">监理单位复核意见</td><td colspan="5">经复核，主控项目检验结果全部符合合格质量标准，一般项目逐项检验点的合格率均大于或等于 <u>90</u> %，且不合格点不集中分布。各项报验资料 <u>符合</u> SL 631 标准要求。
工序质量等级核定为： <u>优良</u>
监理工程师：×××（签字，加盖公章）
××××年××月××日</td></tr>
</table>

表 18.2 织物备料工序施工质量验收评定表

填 表 说 明

填表时必须遵守“填表基本要求”，并符合下列要求。

1. 本填表说明适用于织物备料工序施工质量验收评定表的填写。

2. 单位工程、分部工程、单元工程名称及部位填写要与表 18 相同。

3. 工序编号：用于档案计算机管理，实例用“—”表示。

4. 检验（检测）项目的检验（检测）方法及数量和填表说明应按下表执行。

检验项目	检验方法	检验数量	填写说明
土工织物的性能指标	查阅出厂合格证和原材料试验报告，并抽样复查	每批次或每单位工程取样 1～3 组进行试验检测	根据设计和检验报告填写各项指标
土工织物的外观质量	观察	全数检查	填写是否有疵点、破洞等

5. 工序质量要求。

(1) 合格等级标准。

1) 主控项目，检验结果应全部符合 SL 631 的要求。

2) 一般项目，逐项应有 70%及以上的检验点合格，且不合格点不应集中。

3) 各项报验资料应符合 SL 631 的要求。

(2) 优良等级标准。

1) 主控项目，检验结果应全部符合 SL 631 的要求。

2) 一般项目，逐项应有 90%及以上的检验点合格，且不合格点不应集中。

3) 各项报验资料应符合 SL 631 的要求。

6. 织物备料工序施工质量验收评定应提交下列资料。

(1) 施工单位织物备料工序施工质量验收“三检”记录表。

(2) 土工织物的检测报告。

(3) 监理单位织物备料工序中施工质量各检验项目平行检测资料。

________工程

表 18.3　　土工织物铺设工序施工质量验收评定表（样表）

<table>
<tr><td colspan="2">单位工程名称</td><td colspan="2"></td><td>工序编号</td><td colspan="2"></td></tr>
<tr><td colspan="2">分部工程名称</td><td colspan="2"></td><td>施工单位</td><td colspan="2"></td></tr>
<tr><td colspan="2">单元工程名称、部位</td><td colspan="2"></td><td>施工日期</td><td colspan="2">年　月　日— 　年　月　日</td></tr>
<tr><td colspan="2">项次</td><td>检验项目</td><td>质量要求</td><td>检查（检测）记录</td><td>合格数</td><td>合格率/%</td></tr>
<tr><td rowspan="2">主控项目</td><td>1</td><td>铺设</td><td>土工织物铺设工艺符合要求，平顺、松紧适度、无皱褶，与土面密贴；场地洁净，无污物污染，施工人员佩带满足现场操作要求</td><td></td><td></td><td></td></tr>
<tr><td>2</td><td>拼接</td><td>搭接或缝接符合设计要求，缝接宽度不小于10cm；平地搭接宽度不小于30cm；不平整场地或极软土搭接宽度不小于50cm；水下及受水流冲击部位应采用缝接，缝接宽度不小于25cm，且缝成两道缝</td><td></td><td></td><td></td></tr>
<tr><td>一般项目</td><td>1</td><td>周边锚固</td><td>锚固型式以及坡面防滑钉的设置符合设计要求。水平铺设时其周边宜将土工织物延长回折，做成压枕的型式</td><td></td><td></td><td></td></tr>
<tr><td colspan="2">施工单位自评意见</td><td colspan="5">主控项目检验结果全部符合合格质量标准，一般项目逐项检验点的合格率均大于或等于________%，且不合格点不集中分布。各项报验资料________SL 631 标准要求。
工序质量等级评定为：________
质检员：　　　　（签字，加盖公章）
年　月　日</td></tr>
<tr><td colspan="2">监理单位复核意见</td><td colspan="5">经复核，主控项目检验结果全部符合合格质量标准，一般项目逐项检验点的合格率均大于或等于________%，且不合格点不集中分布。各项报验资料________SL 631 标准要求。
工序质量等级核定为：________
监理工程师：　　　　（签字，加盖公章）
年　月　日</td></tr>
</table>

____×××____工程

表 18.3　土工织物铺设工序施工质量验收评定表（实例）

<table>
<tr><td colspan="2">单位工程名称</td><td colspan="2">坝体工程</td><td>工序编号</td><td colspan="2">—</td></tr>
<tr><td colspan="2">分部工程名称</td><td colspan="2">干砌石护坡</td><td>施工单位</td><td colspan="2">×××省水利水电工程局</td></tr>
<tr><td colspan="2">单元工程名称、部位</td><td colspan="2">无纺布铺设</td><td>施工日期</td><td colspan="2">2013 年 9 月 8—16 日</td></tr>
<tr><td colspan="2">项次</td><td>检验项目</td><td>质量要求</td><td>检查（检测）记录</td><td>合格数</td><td>合格率/%</td></tr>
<tr><td rowspan="2">主控项目</td><td>1</td><td>铺设</td><td>土工织物铺设工艺符合要求，平顺、松紧适度、无皱褶，与土面密贴；场地洁净，无污物污染，施工人员佩带满足现场操作要求</td><td>土工织物从下至上铺设，平顺、松紧适度、无皱褶，与土面密贴；场地洁净，无污物，施工人员穿平底胶鞋现场操作</td><td>—</td><td>100</td></tr>
<tr><td>2</td><td>拼接</td><td>搭接或缝接符合设计要求，缝接宽度不小于10cm；平地搭接宽度不小于 30cm；不平整场地或极软土搭接宽度不小于 50cm；水下及受水流冲击部位应采用缝接，缝接宽度不小于 25cm，且缝成两道缝</td><td>土工织物采用缝接，宽度大于 10cm，且缝成两道缝</td><td>—</td><td>100</td></tr>
<tr><td>一般项目</td><td>1</td><td>周边锚固</td><td>锚固型式以及坡面防滑钉的设置符合设计要求。水平铺设时其周边宜将土工织物延长回折，做成压枕的型式</td><td>两端锚固型式采用沟槽将土工织物延长回折，做成压枕的型式，坡面采用防滑钉的锚固</td><td>—</td><td>100</td></tr>
<tr><td colspan="2">施工单位自评意见</td><td colspan="5">主控项目检验结果全部符合合格质量标准，一般项目逐项检验点的合格率均大于或等于 __90__ %，且不合格点不集中分布。各项报验资料 __符合__ SL 631 标准要求。
工序质量等级评定为：__优良__
质检员：×××（签字，加盖公章）
2013 年 9 月 16 日</td></tr>
<tr><td colspan="2">监理单位复核意见</td><td colspan="5">经复核，主控项目检验结果全部符合合格质量标准，一般项目逐项检验点的合格率均大于或等于 __90__ %，且不合格点不集中分布。各项报验资料 __符合__ SL 631 标准要求。
工序质量等级核定为：__优良__
监理工程师：×××（签字，加盖公章）
××××年××月××日</td></tr>
</table>

表 18.3　土工织物铺设工序施工质量验收评定表

填　表　说　明

填表时必须遵守“填表基本要求”，并符合下列要求。

1. 本填表说明适用于土工织物铺设工序施工质量验收评定表的填写。

2. 单位工程、分部工程、单元工程名称及部位填写要与表 18 相同。

3. 工序编号：用于档案计算机管理，实例用“—”表示。

4. 检验（检测）项目的检验（检测）方法及数量和填表说明应按下表执行。

检验项目	检验方法	检验数量	填写说明
铺设	观察	全数检查	填写铺设施工工艺及铺设是否平顺、松紧适度、有无皱褶，与土面是否密贴；场地是否洁净，有无污物，施工人员是否穿平底胶鞋现场操作
拼接	观察、量测	逐缝，全数检查	4 种拼接方式，根据施工情况选择填写
周边锚固	观察、量测、查阅施工记录	周边锚固每 10 延米检测 1 个断面，坡面防滑钉的位置偏差不大于 10cm	填写周边锚固的形式及坡面防滑钉的位置，偏差应小于 10cm

5. 工序质量要求。

(1) 合格等级标准。

1) 主控项目，检验结果应全部符合 SL 631 的要求。

2) 一般项目，逐项应有 70%及以上的检验点合格，且不合格点不应集中。

3) 各项报验资料应符合 SL 631 的要求。

(2) 优良等级标准。

1) 主控项目，检验结果应全部符合 SL 631 的要求。

2) 一般项目，逐项应有 90%及以上的检验点合格，且不合格点不应集中。

3) 各项报验资料应符合 SL 631 的要求。

6. 土工织物铺设工序施工质量验收评定应提交下列资料。

(1) 施工单位土工织物铺设工序施工质量验收“三检”记录表。

(2) 监理单位土工织物铺设工序施工质量各检验项目平行检测资料。

＿＿＿＿＿＿工程

表 18.4 回填和表面防护工序施工质量验收评定表（样表）

<table>
<tr><td colspan="2">单位工程名称</td><td colspan="2"></td><td>工序编号</td><td colspan="2"></td></tr>
<tr><td colspan="2">分部工程名称</td><td colspan="2"></td><td>施工单位</td><td colspan="2"></td></tr>
<tr><td colspan="2">单元工程名称、部位</td><td colspan="2"></td><td>施工日期</td><td colspan="2">年 月 日— 年 月 日</td></tr>
<tr><td colspan="2">项次</td><td>检验项目</td><td>质量要求</td><td>检查（检测）记录</td><td>合格数</td><td>合格率/%</td></tr>
<tr><td rowspan="2">主控项目</td><td>1</td><td>回填材料质量</td><td>回填材料性能指标应符合设计要求，且不应含有损坏织物的物质</td><td></td><td></td><td></td></tr>
<tr><td>2</td><td>回填时间</td><td>及时，回填覆盖时间超过 48h 应采取临时遮阳措施</td><td></td><td></td><td></td></tr>
<tr><td>一般项目</td><td>1</td><td>回填保护层厚度及压实度</td><td>符合设计要求，厚度允许误差 0～＋5cm，压实度符合设计要求</td><td></td><td></td><td></td></tr>
<tr><td colspan="2">施工单位自评意见</td><td colspan="5">主控项目检验结果全部符合合格质量标准，一般项目逐项检验点的合格率均大于或等于＿＿＿＿%，且不合格点不集中分布。各项报验资料＿＿＿＿SL 631 标准要求。
工序质量等级评定为：＿＿＿＿
质检员：（签字，加盖公章）
年 月 日</td></tr>
<tr><td colspan="2">监理单位复核意见</td><td colspan="5">经复核，主控项目检验结果全部符合合格质量标准，一般项目逐项检验点的合格率均大于或等于＿＿＿＿%，且不合格点不集中分布。各项报验资料＿＿＿＿SL 631 标准要求。
工序质量等级核定为：＿＿＿＿
监理工程师：（签字，加盖公章）
年 月 日</td></tr>
</table>

×××工程

表 18.4　回填和表面防护工序施工质量验收评定表（实例）

<table>
<tr><td colspan="2">单位工程名称</td><td colspan="2">坝体工程</td><td>工序编号</td><td colspan="2">—</td></tr>
<tr><td colspan="2">分部工程名称</td><td colspan="2">干砌石护坡</td><td>施工单位</td><td colspan="2">×××省水利水电工程局</td></tr>
<tr><td colspan="2">单元工程名称、部位</td><td colspan="2">无纺布铺设</td><td>施工日期</td><td colspan="2">2013 年 9 月 17—20 日</td></tr>
<tr><td colspan="2">项次</td><td>检验项目</td><td>质量要求</td><td>检查（检测）记录</td><td>合格数</td><td>合格率/%</td></tr>
<tr><td rowspan="2">主控项目</td><td>1</td><td>回填材料质量</td><td>回填材料性能指标应符合设计要求，且不应含有损坏织物的物质</td><td>回填材料为砂砾石，其砂砾石级配符合设计要求，无杂物</td><td>3</td><td>100</td></tr>
<tr><td>2</td><td>回填时间</td><td>及时，回填覆盖时间超过 48h 应采取临时遮阳措施</td><td>回填在 24h 内完成</td><td>—</td><td>100</td></tr>
<tr><td>一般项目</td><td>1</td><td>回填保护层厚度及压实度</td><td>符合设计要求，厚度允许误差 0～＋5cm，压实度符合设计要求</td><td>—</td><td>—</td><td>—</td></tr>
<tr><td colspan="2">施工单位自评意见</td><td colspan="5">主控项目检验结果全部符合合格质量标准，一般项目逐项检验点的合格率均大于或等于 90 %，且不合格点不集中分布。各项报验资料 符合 SL 631 标准要求。
工序质量等级评定为： 优良
质检员：×××（签字，加盖公章）
2013 年 9 月 20 日</td></tr>
<tr><td colspan="2">监理单位复核意见</td><td colspan="5">经复核，主控项目检验结果全部符合合格质量标准，一般项目逐项检验点的合格率均大于或等于 90 %，且不合格点不集中分布。各项报验资料 符合 SL 631 标准要求。
工序质量等级核定为： 优良
监理工程师：×××（签字，加盖公章）
××××年××月××日</td></tr>
</table>

表 18.4　回填和表面防护工序施工质量验收评定表

填 表 说 明

填表时必须遵守“填表基本要求”，并符合下列要求。

1. 本填表说明适用于回填和表面防护工序施工质量验收评定表的填写。
2. 单位工程、分部工程、单元工程名称及部位填写要与表 18 相同。
3. 工序编号：用于档案计算机管理，实例用“—”表示。
4. 检验（检测）项目的检验（检测）方法及数量和填表说明应按下表执行。

检验项目	检验方法	检验数量	填写说明
回填材料质量	观察、取样试验	软化系数、抗冻性、渗透系数等每批次或每单位工程取样 3 组；粒径、级配、含泥量、含水量等每 100～200m^3 取样 1 组	填写回填材料及回填材料的性能指标是否符合设计要求
回填时间	观察、查阅施工记录	全数检查	回填时间是否控制在 24h 内
回填保护层厚度及压实度	观察、量测、查阅施工记录	回填铺筑厚度每个单元检测 30 个点；碾压密实度每个单元检测 1 组	应在垫层单元工程中填写

5. 工序质量要求。

(1) 合格等级标准。

1) 主控项目，检验结果应全部符合 SL 631 的要求。

2) 一般项目，逐项应有 70%及以上的检验点合格，且不合格点不应集中。

3) 各项报验资料应符合 SL 631 的要求。

(2) 优良等级标准。

1) 主控项目，检验结果应全部符合 SL 631 的要求。

2) 一般项目，逐项应有 90%及以上的检验点合格，且不合格点不应集中。

3) 各项报验资料应符合 SL 631 的要求。

6. 回填和表面防护工序施工质量验收评定应提交下列资料。

(1) 施工单位回填和表面防护工序施工质量验收“三检”记录表。

(2) 监理单位回填和表面防护工序施工质量检验项目平行检测资料。

____________工程

表 19　　土工膜防渗单元工程施工质量验收评定表（样表）

<table>
<tr><td colspan="2">单位工程名称</td><td></td><td>单元工程量</td><td></td></tr>
<tr><td colspan="2">分部工程名称</td><td></td><td>施工单位</td><td></td></tr>
<tr><td colspan="2">单元工程名称、部位</td><td></td><td>施工日期</td><td>年　月　日—　年　月　日</td></tr>
<tr><td>项次</td><td>工序名称</td><td colspan="3">工序施工质量验收评定等级</td></tr>
<tr><td>1</td><td>下垫层和支持层</td><td colspan="3"></td></tr>
<tr><td>2</td><td>土工膜备料</td><td colspan="3"></td></tr>
<tr><td>3</td><td>△土工膜铺设</td><td colspan="3"></td></tr>
<tr><td>4</td><td>土工膜与刚性建筑物或周边连接处理</td><td colspan="3"></td></tr>
<tr><td>5</td><td>上垫层和防护层</td><td colspan="3"></td></tr>
<tr><td>施工单位自评意见</td><td colspan="4">各工序施工质量全部合格，其中优良工序占______%，主要工序达到______等级。各项报验资料______SL 631 标准要求。
单元工程质量等级评定为：______
质检员：　　（签字，加盖公章）
年　月　日</td></tr>
<tr><td>监理单位复核意见</td><td colspan="4">经抽检并查验相关检验报告和检验资料，各工序施工质量全部合格，其中优良工序占______%，主要工序达到______等级。各项报验资料______SL 631 标准要求。
单元工程质量等级核定为：______
监理工程师：　　（签字，加盖公章）
年　月　日</td></tr>
<tr><td colspan="5">注：本表所填“单元工程量”不作为施工单位工程量结算计量的依据。</td></tr>
</table>

<u>×××　　　工程</u>

表 19　　土工膜防渗单元工程施工质量验收评定表（实例）

单位工程名称	**红旗水库除险加固工程**	单元工程量	**960m^2**
分部工程名称	**上游坝面护坡**	施工单位	**×××省水利水电工程局**
单元工程名称、部位	**土工膜铺设 (桩号 0+100～0+150)**	施工日期	**2013 年 10 月 2—23 日**
项次	工序名称	工序施工质量验收评定等级	
1	下垫层和支持层	**优良**	
2	土工膜备料	**优良**	
3	△土工膜铺设	**优良**	
4	土工膜与刚性建筑物或周边连接处理	**合格**	
5	上垫层和防护层	**优良**	
施工单位自评意见	各工序施工质量全部合格，其中优良工序占 **80** %，主要工序达到 **优良** 等级。各项报验资料 **符合** SL 631 标准要求。 单元工程质量等级评定为：**优良** 质检员：×××（签字，加盖公章） **2013** 年 **10** 月 **24** 日		
监理单位复核意见	经抽查并查验相关检验报告和检验资料，各工序施工质量全部合格，其中优良工序占 **80** %，主要工序达到 **优良** 等级，各项报验资料 **符合** SL 631 标准要求。 单元工程质量等级核定为：**优良** 监理工程师：×××（签字，加盖公章） ××××年××月××日		
注：本表所填“单元工程量”不作为施工单位工程量结算计量的依据。			

表19　土工膜防渗单元工程施工质量验收评定表

填　表　说　明

填表时必须遵守“填表基本要求”，并符合下列要求。

1. 本填表说明适用于土工膜防渗单元工程施工质量验收评定表的填写。本表适用于土工膜防渗体工程。土工膜的材料结构型式和材料的质量指标应符合设计要求。

2. 单元工程划分：以施工铺设的区、段划分，每一次连续铺填的区、段或每500～1000m^2划分为一个单元工程。土工膜防渗体与刚性建筑物或周边连接部位，应按其连续施工段（一般30～50m）划分为一个单元工程。

3. 单元工程量：填写本单元土工膜防渗面积（m^2）。

4. 土工膜防渗施工单元工程宜分为下垫层和支持层、土工膜备料、土工膜铺设、土工膜与刚性建筑物或周边连接处理、上垫层和防护层5个工序，其中土工膜铺设工序为主要工序，用△标注。本表是在表19.1～表19.5工序施工质量验收评定合格的基础上进行。

5. 单元工程质量要求。

(1) 合格等级标准。

1) 各工序施工质量验收评定应全部合格。

2) 各项报验资料应符合SL 631的要求。

(2) 优良等级标准。

1) 各工序施工质量验收评定应全部合格，其中优良工序应达到50%及以上，且主要工序应达到优良等级。

2) 各项报验资料应符合SL 631的要求。

6. 土工膜防渗单元工程施工质量验收评定表应包括下列资料。

(1) 下垫层和支持层工序施工质量评定验收表，各项检验项目检验记录资料。

(2) 土工膜备料工序施工质量评定验收表，各项检验项目检验记录资料及实体检验项目检验记录资料。

(3) 土工膜铺设工序施工质量评定验收表，各项检验项目检验记录资料及实体检验项目检验记录资料。

(4) 土工膜与刚性建筑物或周边连接处理工序施工质量评定验收表，各项检验项目检验记录资料。

(5) 上垫层和防护层工序施工质量评定验收表，各项检验项目检验记录资料。

(6) 监理单位的下垫层和支持层、土工膜备料、土工膜铺设、土工膜与刚性建筑物或周边连接处理、上垫层和防护层5个工序施工质量各检验项目平行检测资料。

7. 若本土工膜防渗单元工程在项目划分时确定为关键部位单元工程时，应按《水利水电工程施工检验与评定规程》(SL 176—2007) 要求，另外需填写该规程附录1“关键部位单元工程质量等级签证表”，且提交此表附件资料。

______工程

表 19.1　下垫层和支持层工序施工质量验收评定表（样表）

单位工程名称				工序编号		
分部工程名称				施工单位		
单元工程名称、部位				施工日期	年　月　日— 年　月　日	
项次		检验项目	质量要求	检查（检测）记录	合格数	合格率/%
主控项目	1	铺料厚度	铺料厚度均匀，不超厚，表面平整，边线整齐；检测点允许偏差不大于铺料厚度的10%，且不应超厚			
	2	铺填位置	铺填位置准确，摊铺边线整齐，边线偏差为－5～＋5cm			
	3	接合部	纵横向符合设计要求，岸坡接合处的填料无分离、架空			
	4	压实参数	压实机具的型号、规格，压实遍数、压实速度、碾压振动频率、振幅和加水量应符合碾压试验确定的参数值			
	5	压实质量	相对密度不小于设计要求			
一般项目	1	铺填层面外观	铺填力求均衡上升，无团块、无粗粒集中			
	2	层间结合面	上下层间的结合面无泥土、杂物等			
	3	压层表面质量	表面平整，无漏压、欠压和出现弹簧土现象			
	4	断面尺寸	压实后的反滤层、过渡层的断面尺寸偏差值不大于设计厚度的10%			
施工单位自评意见	主控项目检验结果全部符合合格质量标准，一般项目逐项检验点的合格率均大于或等于______%，且不合格点不集中分布。各项报验资料______SL 631标准要求。 工序质量等级评定为：______ 质检员：　　（签字，加盖公章） 年　月　日					
监理单位复核意见	经复核，主控项目检验结果全部符合合格质量标准，一般项目逐项检验点的合格率均大于或等于______%，且不合格点不集中分布。各项报验资料______SL 631标准要求。 工序质量等级核定为：______ 监理工程师：　　（签字，加盖公章） 年　月　日					

××× 工程

表 19.1　下垫层和支持层工序施工质量验收评定表（实例）

单位工程名称	红旗水库除险加固工程	工序编号	—
分部工程名称	上游坝面护坡	施工单位	×××省水利水电工程局
单元工程名称、部位	土工膜铺设（桩号 0+100～0+150）	施工日期	2013 年 10 月 2—5 日

项次		检验项目	质量要求	检查（检测）记录	合格数	合格率/%
主控项目	1	铺料厚度	铺料厚度均匀，不超厚，表面平整，边线整齐；检测点允许偏差不大于铺料厚度的 10%，且不应超厚	垫层单元工程已完成施工质量验收评定	—	—
	2	铺填位置	铺填位置准确，摊铺边线整齐，边线偏差为 −5～+5cm	垫层单元工程已完成施工质量验收评定	—	—
	3	接合部	纵横向符合设计要求，岸坡接合处的填料无分离、架空	垫层单元工程已完成施工质量验收评定	—	—
	4	压实参数	压实机具的型号、规格，压实遍数、压实速度、碾压振动频率、振幅和加水量应符合碾压试验确定的参数值	垫层单元工程已完成施工质量验收评定	—	—
	5	压实质量	相对密度不小于设计要求	垫层单元工程已完成施工质量验收评定	—	—
一般项目	1	铺填层面外观	铺填力求均衡上升，无团块、无粗粒集中	铺填均衡上升，无团块、无粗粒集中现象	—	100
	2	层间结合面	上下层间的结合面无泥土、杂物等	上下层间的结合面无泥土、杂物等	—	100
	3	压层表面质量	表面平整，无漏压、欠压和出现弹簧土现象	表面平整，无漏压、欠压	—	100
	4	断面尺寸	压实后的反滤层、过渡层的断面尺寸偏差值不大于设计厚度的 10%	垫层单元工程已完成施工质量验收评定	—	—

施工单位自评意见	主控项目检验结果全部符合合格质量标准，一般项目逐项检验点的合格率均大于或等于 90 %，且不合格点不集中分布。各项报验资料 符合 SL 631 标准要求。 工序质量等级评定为：优良 质检员：×××（签字，加盖公章） 2013 年 10 月 5 日
监理单位复核意见	经复核，主控项目检验结果全部符合合格质量标准，一般项目逐项检验点的合格率均大于或等于 90 %，且不合格点不集中分布。各项报验资料 符合 SL 631 标准要求。 工序质量等级核定为：优良 监理工程师：×××（签字，加盖公章） ××××年××月××日

表19.1　下垫层和支持层工序施工质量验收评定表

填　表　说　明

填表时必须遵守“填表基本要求”，并符合下列要求。

1. 本填表说明适用于下垫层和支持层工序施工质量验收评定表的填写。

2. 单位工程、分部工程、单元工程名称及部位填写要与表19相同。

3. 工序编号：用于档案计算机管理，实例用“—”表示。

4. 检验（检测）项目的检验（检测）方法及数量和填表说明应按下表执行。

检验项目	检验方法	检验数量	填写说明
铺料厚度	方格网定点测量	每个单元不少于10个点	填写铺料厚度检测值
铺填位置	观察、测量	每条边线，每10延米检测1组，每组2个点	铺填位置应准确，边线整齐，应填写铺填位置检测值的偏差
接合部	观察、查阅施工记录	全数检查	填写岸坡垫层接合处的填料是否有分离、架空现象
压实参数	查阅试验报告、施工记录	每班至少检查2次	应填写压实试验参数
压实质量	试坑法	每200～400m^3检测1次，每个取样断面每层所取的样品不应少于1组	填写压实度设计值，压实试验值
铺填层面外观	观察	全数检查	铺填应均衡上升，应无团块和粗粒集中现象
层间结合面	观察	全数检查	上下层间的结合面应无泥土、杂物等
压层表面质量	观察	全数检查	碾压后表面应平整，无漏压、欠压
断面尺寸	查阅施工记录、测量	每100～200m^3检测1组，或每10延米检测1组，每组不少于2个点	填写断面尺寸检测偏差值

5. 工序质量要求。

（1）合格等级标准。

1）主控项目，检验结果应全部符合SL 631的要求。

2）一般项目，逐项应有70%及以上的检验点合格，且不合格点不应集中。

3）各项报验资料应符合SL 631的要求。

（2）优良等级标准。

1）主控项目，检验结果应全部符合SL 631的要求。

2）一般项目，逐项应有90%及以上的检验点合格，且不合格点不应集中。

3）各项报验资料应符合SL 631的要求。

6. 下垫层和支持层工序施工质量验收评定应提交下列资料。

（1）施工单位下垫层和支持层工序施工质量验收“三检”记录表。

（2）压实试验报告及压实试验检测成果。

（3）铺料厚度及铺填位置检测值。

（4）断面尺寸检测测量成果及原始测量记录。

（5）监理单位下垫层和支持层工序施工质量各检验项目平行检测资料。

________工程

表 19.2　土工膜备料工序施工质量验收评定表（样表）

<table>
<tr><td colspan="3">单位工程名称</td><td colspan="2"></td><td>工序编号</td><td colspan="2"></td></tr>
<tr><td colspan="3">分部工程名称</td><td colspan="2"></td><td>施工单位</td><td colspan="2"></td></tr>
<tr><td colspan="3">单元工程名称、部位</td><td colspan="2"></td><td>施工日期</td><td colspan="2">年　月　日—　年　月　日</td></tr>
<tr><td colspan="2">项次</td><td>检验项目</td><td>质量要求</td><td colspan="2">检查（检测）记录</td><td>合格数</td><td>合格率/%</td></tr>
<tr><td>主控项目</td><td>1</td><td>土工膜的性能指标</td><td>土工膜的物理性能指标、力学性能指标、水力学指标，以及耐久性指标应符合设计要求</td><td colspan="2"></td><td></td><td></td></tr>
<tr><td>一般项目</td><td>1</td><td>土工膜的外观质量</td><td>无疵点、破洞等，符合国家标准</td><td colspan="2"></td><td></td><td></td></tr>
<tr><td colspan="2">施工单位自评意见</td><td colspan="6">主控项目检验结果全部符合合格质量标准，一般项目逐项检验点的合格率均大于或等于________%，且不合格点不集中分布。各项报验资料________SL 631 标准要求。
工序质量等级评定为：________

质检员：　　　（签字，加盖公章）
年　月　日</td></tr>
<tr><td colspan="2">监理单位复核意见</td><td colspan="6">经复核，主控项目检验结果全部符合合格质量标准，一般项目逐项检验点的合格率均大于或等于________%，且不合格点不集中分布。各项报验资料________SL 631 标准要求。
工序质量等级核定为：________

监理工程师：　　　（签字，加盖公章）
年　月　日</td></tr>
</table>

×××　工程

表 19.2　土工膜备料工序施工质量验收评定表（实例）

<table>
<tr><td colspan="3">单位工程名称</td><td colspan="2">红旗水库除险加固工程</td><td>工序编号</td><td>—</td></tr>
<tr><td colspan="3">分部工程名称</td><td colspan="2">上游坝面护坡</td><td>施工单位</td><td>×××省水利水电工程局</td></tr>
<tr><td colspan="3">单元工程名称、部位</td><td colspan="2">土工膜铺设
(桩号0+100～0+150)</td><td>施工日期</td><td>2013年10月5—7日</td></tr>
<tr><td colspan="2">项次</td><td>检验项目</td><td>质量要求</td><td>检查（检测）记录</td><td>合格数</td><td>合格率/%</td></tr>
<tr><td>主控项目</td><td>1</td><td>土工膜的性能指标</td><td>土工膜的物理性能指标、力学性能指标、水力学指标，以及耐久性指标应符合设计要求</td><td>土工膜400g/m^2，厚度3.0mm，宽度6m断裂强度大于12.50kN/m，断裂伸长率大于75%，撕裂强度大于0.33kN，CBR顶破强力大于2.10kN（见检测报告）</td><td>3</td><td>100</td></tr>
<tr><td>一般项目</td><td>1</td><td>土工膜的外观质量</td><td>无疵点、破洞等，符合国家标准</td><td>土工膜无疵点、破洞等，符合国家标准</td><td>—</td><td>100</td></tr>
<tr><td colspan="2">施工单位自评意见</td><td colspan="5">主控项目检验结果全部符合合格质量标准，一般项目逐项检验点的合格率均大于或等于<u>90</u>%，且不合格点不集中分布。各项报验资料<u>符合</u>SL 631标准要求。
工序质量等级评定为：<u>优良</u>

质检员：×××（签字，加盖公章）
2013年10月7日</td></tr>
<tr><td colspan="2">监理单位复核意见</td><td colspan="5">经复核，主控项目检验结果全部符合合格质量标准，一般项目逐项检验点的合格率均大于或等于<u>90</u>%，且不合格点不集中分布。各项报验资料<u>符合</u>SL 631标准要求。
工序质量等级核定为：<u>优良</u>

监理工程师：×××（签字，加盖公章）
××××年××月××日</td></tr>
</table>

表 19.2 土工膜备料工序施工质量验收评定表

填 表 说 明

填表时必须遵守“填表基本要求”，并符合下列要求。

1. 本填表说明适用于土工膜备料工序施工质量验收评定表的填写。

2. 单位工程、分部工程、单元工程名称及部位填写要与表 19 相同。

3. 工序编号：用于档案计算机管理，实例用“—”表示。

4. 检验（检测）项目的检验（检测）方法及数量和填表说明应按下表执行。

检验项目	检验方法	检验数量	填写说明
土工膜的性能指标	查阅出厂合格证和原材料试验报告，并抽样复查	每批次或每单位工程取样 1～3 组进行试验检测	填写土工膜抽检试验报告结果
土工膜的外观质量	观察	全数检查	土工膜外观应符合国家标准，无疵点、破洞等

5. 工序质量要求。

（1）合格等级标准。

1）主控项目，检验结果应全部符合 SL 631 的要求。

2）一般项目，逐项应有 70%及以上的检验点合格，且不合格点不应集中。

3）各项报验资料应符合 SL 631 的要求。

（2）优良等级标准。

1）主控项目，检验结果应全部符合 SL 631 的要求。

2）一般项目，逐项应有 90%及以上的检验点合格，且不合格点不应集中。

3）各项报验资料应符合 SL 631 的要求。

6. 土工膜备料工序施工质量验收评定应提交下列资料。

（1）施工单位土工膜备料工序施工质量验收“三检”记录表。

（2）监理单位土工膜备料工序施工质量检验项目平行检测资料。

______工程

表 19.3　土工膜铺设工序施工质量验收评定表（样表）

单位工程名称				工序编号		
分部工程名称				施工单位		
单元工程名称、部位				施工日期	年　月　日— 年　月　日	
项次		检验项目	质量要求	检查（检测）记录	合格数	合格率/%
主控项目	1	铺设	土工膜的铺设工艺应符合设计要求，平顺、松紧适度、无皱褶、留有足够的余幅，与下垫层密贴			
	2	拼接	拼接方法、搭接宽度应符合设计要求，黏接搭接宽度宜不小于 15cm，焊缝搭接宽度宜不小于 10cm。膜间形成的节点，应为 T 字形，不应做成十字形。接缝处强度不低于母材的 80%			
	3	排水、排气	排水、排气的结构型式符合设计要求，阀体与土工膜连接牢固，不应漏水漏气			
一般项目	1	铺设场地	铺设面应平整、无杂物、尖锐凸出物。铺设场区气候适宜，场地洁净，无污物污染，施工人员佩戴满足现场操作要求			
施工单位自评意见	主控项目检验结果全部符合合格质量标准，一般项目逐项检验点的合格率均大于或等于______%，且不合格点不集中分布。各项报验资料______SL 631 标准要求。 工序质量等级评定为：______ 质检员：　　（签字，加盖公章） 年　月　日					
监理单位复核意见	经复核，主控项目检验结果全部符合合格质量标准，一般项目逐项检验点的合格率均大于或等于______%，且不合格点不集中分布。各项报验资料______SL 631 标准要求。 工序质量等级核定为：______ 监理工程师：　　（签字，加盖公章） 年　月　日					

×××　工程

表 19.3　　土工膜铺设工序施工质量验收评定表（实例）

<table>
<tr><td colspan="3">单位工程名称</td><td>**红旗水库除险加固工程**</td><td>工序编号</td><td colspan="2">—</td></tr>
<tr><td colspan="3">分部工程名称</td><td>**上游坝面护坡**</td><td>施工单位</td><td colspan="2">**×××省水利水电工程局**</td></tr>
<tr><td colspan="3">单元工程名称、部位</td><td>**土工膜铺设
（桩号0+100～0+150）**</td><td>施工日期</td><td colspan="2">**2013年10月8—15日**</td></tr>
<tr><td colspan="2">项次</td><td>检验项目</td><td>质量要求</td><td>检查（检测）记录</td><td>合格数</td><td>合格率/%</td></tr>
<tr><td rowspan="3">主控项目</td><td>1</td><td>铺设</td><td>土工膜的铺设工艺应符合设计要求，平顺、松紧适度、无皱褶、留有足够的余幅，与下垫层密贴</td><td>**土工膜的铺设平顺、松紧适度、无皱褶、留有足够的余幅，与下垫层密贴**</td><td>—</td><td>**100**</td></tr>
<tr><td>2</td><td>拼接</td><td>拼接方法、搭接宽度应符合设计要求，黏接搭接宽度宜不小于15cm，焊缝搭接宽度宜不小于10cm。膜间形成的节点，应为T字形，不应做成十字形。接缝处强度不低于母材的80%</td><td>**土工膜拼接采用焊接，检测焊缝搭接宽度11cm、11.5cm、12.6cm、11.7cm、11.3cm、12cm、10.8cm。节点为T字形，接缝处强度为母材的90%（见检测报告）**</td><td>**10**</td><td>**100**</td></tr>
<tr><td>3</td><td>排水、排气</td><td>排水、排气的结构型式符合设计要求，阀体与土工膜连接牢固，不应漏水漏气</td><td>—</td><td>—</td><td>—</td></tr>
<tr><td>一般项目</td><td>1</td><td>铺设场地</td><td>铺设面应平整、无杂物、尖锐凸出物。铺设场区气候适宜，场地洁净，无污物污染，施工人员佩戴满足现场操作要求</td><td>**铺设面平整，无尖锐硬物、杂物，施工人员穿平底胶鞋在场地上施工**</td><td>—</td><td>**100**</td></tr>
<tr><td colspan="2">施工单位自评意见</td><td colspan="5">主控项目检验结果全部符合合格质量标准，一般项目逐项检验点的合格率均大于或等于 **90** %，且不合格点不集中分布。各项报验资料 **符合** SL 631标准要求。
工序质量等级评定为：**优良**
质检员：×××（签字，加盖公章）
2013年**10**月**16**日</td></tr>
<tr><td colspan="2">监理单位复核意见</td><td colspan="5">经复核，主控项目检验结果全部符合合格质量标准，一般项目逐项检验点的合格率均大于或等于 **90** %，且不合格点不集中分布。各项报验资料 **符合** SL 631标准要求。
工序质量等级核定为：**优良**
监理工程师：×××（签字，加盖公章）
××××年××月××日</td></tr>
</table>

表 19.3　土工膜铺设工序施工质量验收评定表

填 表 说 明

填表时必须遵守“填表基本要求”，并符合下列要求。

1. 本填表说明适用于土工膜铺设工序施工质量验收评定表的填写。

2. 单位工程、分部工程、单元工程名称及部位填写要与表 19 相同。

3. 工序编号：用于档案计算机管理，实例用“—”表示。

4. 检验（检测）项目的检验（检测）方法及数量和填表说明应按下表执行。

检验项目	检验方法	检验数量	填写说明
铺设	观察、查阅验收记录	全数检查	土工膜的铺设应平顺、松紧适度、无皱褶、留有足够的余幅，与下垫层密贴
拼接	目测法、现场检漏法和抽样测试法	每 100 延米接缝抽测 1 处，但每个单元工程不少于 3 处。接缝处强度每一个单位工程抽测 1～3 次	土工膜拼接应采用焊接，应填写焊缝搭接宽度值。节点为 T 字形，接缝处强度为母材的 80%
排水、排气	目测法、现场检漏法和抽样测试法	逐个检查	—
铺设场地	观察、查阅验收记录	全数检查	铺设面应平整，无尖锐硬物、杂物，施工人员应穿平底胶鞋在场地上施工

5. 工序质量要求。

(1) 合格等级标准。

1) 主控项目，检验结果应全部符合 SL 631 的要求。

2) 一般项目，逐项应有 70%及以上的检验点合格，且不合格点不应集中。

3) 各项报验资料应符合 SL 631 的要求。

(2) 优良等级标准。

1) 主控项目，检验结果应全部符合 SL 631 的要求。

2) 一般项目，逐项应有 90%及以上的检验点合格，且不合格点不应集中。

3) 各项报验资料应符合 SL 631 的要求。

6. 土工膜铺设工序施工质量验收评定应提交下列资料。

(1) 施工单位土工膜铺设工序施工质量验收“三检”记录表。

(2) 监理单位土工膜铺设工序施工质量检验项目的平行检测资料。

______工程

表 19.4　土工膜与刚性建筑物或周边连接处理工序施工质量验收评定表（样表）

<table>
<tr><td colspan="2">单位工程名称</td><td></td><td>工序编号</td><td colspan="3"></td></tr>
<tr><td colspan="2">分部工程名称</td><td></td><td>施工单位</td><td colspan="3"></td></tr>
<tr><td colspan="2">单元工程名称、部位</td><td></td><td>施工日期</td><td colspan="3">年 月 日— 年 月 日</td></tr>
<tr><td colspan="2">项次</td><td>检验项目</td><td>质量要求</td><td>检查（检测）记录</td><td>合格数</td><td>合格率/%</td></tr>
<tr><td rowspan="2">主控项目</td><td>1</td><td>周边封闭沟槽结构、基础条件</td><td>封闭沟槽的结构型式、基础条件应符合设计要求</td><td></td><td></td><td></td></tr>
<tr><td>2</td><td>封闭材料质量</td><td>封闭材料质量应满足设计要求；试样合格率不小于95%，不合格试样不应集中，且不低于设计指标的0.98倍</td><td></td><td></td><td></td></tr>
<tr><td>一般项目</td><td>1</td><td>沟槽开挖、结构尺寸</td><td>周边封闭沟槽土石方开挖尺寸，封闭材料如黏土、混凝土结构尺寸应满足设计要求。检测点误差为−2～+2cm</td><td></td><td></td><td></td></tr>
<tr><td colspan="2">施工单位自评意见</td><td colspan="5">主控项目检验结果全部符合合格质量标准，一般项目逐项检验点的合格率均大于或等于______%，且不合格点不集中分布。各项报验资料______SL 631标准要求。
工序质量等级评定为：______
质检员：（签字，加盖公章）
年 月 日</td></tr>
<tr><td colspan="2">监理单位复核意见</td><td colspan="5">经复核，主控项目检验结果全部符合合格质量标准，一般项目逐项检验点的合格率均大于或等于______%，且不合格点不集中分布。各项报验资料______SL 631标准要求。
工序质量等级核定为：______
监理工程师：（签字，加盖公章）
年 月 日</td></tr>
</table>

××× 工程

表 19.4 土工膜与刚性建筑物或周边连接处理工序施工质量验收评定表（实例）

单位工程名称		红旗水库除险加固工程	工序编号	—	
分部工程名称		上游坝面护坡	施工单位	×××省水利水电工程局	
单元工程名称、部位		土工膜铺设（桩号 0+100～0+150）	施工日期	2013 年 10 月 8—16 日	
项次		检验项目	质量要求	检查（检测）记录	合格数	合格率/%
主控项目	1	周边封闭沟槽结构、基础条件	封闭沟槽的结构型式、基础条件应符合设计要求	封闭沟槽的结构型式为宽 30cm、高 50cm 的矩形断面，基础条件为原状地基，承载能力符合要求	—	100
主控项目	2	封闭材料质量	封闭材料质量应满足设计要求；试样合格率不小于 95%，不合格试样不应集中，且不低于设计指标的 0.98 倍	封闭材料为黏土，填筑质量满足 1.58g/cm³，环刀法取样 2 组，1.59g/cm³、1.58g/cm³	2	100
一般项目	1	沟槽开挖、结构尺寸	周边封闭沟槽土石方开挖尺寸，封闭材料如黏土、混凝土结构尺寸应满足设计要求。检测点误差为 −2～+2cm	周边封闭沟槽开挖尺寸为 30cm×50cm，共检测 65 点，检测合格 55 点（见检测记录）	55	84.6
施工单位自评意见		主控项目检验结果全部符合合格质量标准，一般项目逐项检验点的合格率均大于或等于 70 %，且不合格点不集中分布。各项报验资料 符合 SL 631 标准要求。 工序质量等级评定为：合格 质检员：×××（签字，加盖公章） 2013 年 10 月 16 日				
监理单位复核意见		经复核，主控项目检验结果全部符合合格质量标准，一般项目逐项检验点的合格率均大于或等于 70 %，且不合格点不集中分布。各项报验资料 符合 SL 631 标准要求。 工序质量等级核定为：合格 监理工程师：×××（签字，加盖公章） ××××年××月××日				

表 19.4 土工膜与刚性建筑物或周边连接处理工序施工质量验收评定表

填 表 说 明

填表时必须遵守“填表基本要求”，并符合下列要求。

1. 本填表说明适用于土工膜与刚性建筑物或周边连接处理工序施工质量验收评定表的填写。

2. 单位工程、分部工程、单元工程名称及部位填写要与表 19 相同。

3. 工序编号：用于档案计算机管理，实例用“—”表示。

4. 检验（检测）项目的检验（检测）方法及数量和填表说明应按下表执行。

检验项目	检验方法	检验数量	填写说明
周边封闭沟槽结构、基础条件	观察、查阅施工记录	全数检查	封闭沟槽的结构型式、基础条件应符合设计要求
封闭材料质量	观察、查阅验收记录、现场取样试验	每个单元至少取 1 组，试验项目应满足设计要求	封闭材料质量应满足设计要求，取样 2 组
沟槽开挖、结构尺寸	观察、测量	沿封闭沟槽每 5 延米测 1 个横断面，每个断面不少于 5 个点	填写沟槽开挖、结构尺寸

5. 工序质量要求。

(1) 合格等级标准。

1) 主控项目，检验结果应全部符合 SL 631 的要求。

2) 一般项目，逐项应有 70%及以上的检验点合格，且不合格点不应集中。

3) 各项报验资料应符合 SL 631 的要求。

(2) 优良等级标准。

1) 主控项目，检验结果应全部符合 SL 631 的要求。

2) 一般项目，逐项应有 90%及以上的检验点合格，且不合格点不应集中。

3) 各项报验资料应符合 SL 631 的要求。

6. 土工膜与刚性建筑物或周边连接处理工序施工质量验收评定应提交下列资料。

(1) 施工单位土工膜与刚性建筑物或周边连接处理工序施工质量验收“三检”记录表。

(2) 监理单位土工膜与刚性建筑物或周边连接处理工序施工质量各检验项目平行检测资料。

________工程

表 19.5 上垫层和防护层工序施工质量验收评定表（样表）

单位工程名称				工序编号		
分部工程名称				施工单位		
单元工程名称、部位				施工日期	年 月 日— 年 月 日	
项次		检验项目	质量要求	检查（检测）记录	合格数	合格率/%
主控项目	1	上垫层铺料厚度	铺料厚度均匀，不超厚，表面平整，边线整齐检测点允许偏差不大于铺料厚度的10%，且不应超厚			
	2	上垫层铺填位置	铺填位置准确，摊铺边线整齐，边线偏差为－5～＋5cm			
	3	接合部	纵横向符合设计要求，岸坡接合处的填料无分离、架空			
	4	防护层回填材料质量	回填材料性能指标应符合设计要求，且不应含有损坏织物的物质			
	5	防护层回填时间	及时，回填覆盖时间超过48h应采取临时遮阳措施			
	6	压实参数	压实机具的型号、规格，压实遍数、压实速度、碾压振动频率、振幅和加水量应符合碾压试验确定的参数值			
	7	压实质量	相对密度不小于设计要求			
一般项目	1	上垫层铺填层面外观	铺填力求均衡上升，无团块、粗粒集中			
	2	上垫层层间结合面	上下层间的结合面无泥土、杂物等			
	3	防护层回填保护层厚度及压实度	符合设计要求，厚度允许误差0～＋5cm，压实度符合设计要求			
	4	压层表面质量	表面平整，无漏压、欠压和出现弹簧土现象			
	5	断面尺寸	压实后的反滤层、过渡层的断面尺寸偏差值不大于设计厚度的10%			
施工单位自评意见	主控项目检验结果全部符合合格质量标准，一般项目逐项检验点的合格率均大于或等于________%，且不合格点不集中分布。各项报验资料________SL 631标准要求。 工序质量等级评定为：________ 质检员：（签字，加盖公章） 年 月 日					
监理单位复核意见	经复核，主控项目检验结果全部符合合格质量标准，一般项目逐项检验点的合格率均大于或等于________%，且不合格点不集中分布。各项报验资料________SL 631标准要求。 工序质量等级核定为：________ 监理工程师：（签字，加盖公章） 年 月 日					

××× 工程

表 19.5 上垫层和防护层工序施工质量验收评定表（实例）

单位工程名称		红旗水库除险加固工程	工序编号	—	
分部工程名称		上游坝面护坡	施工单位	×××省水利水电工程局	
单元工程名称、部位		土工膜铺设（桩号 0+100～0+150）	施工日期	2013 年 10 月 17—23 日	
项次		检验项目	质量要求	检查（检测）记录	合格数	合格率/%
主控项目	1	上垫层铺料厚度	铺料厚度均匀，不超厚，表面平整，边线整齐检测点允许偏差不大于铺料厚度的 10%，且不应超厚	**上垫层铺料厚度将在垫层单元工程中检测**	—	**100**
	2	上垫层铺填位置	设计摊铺（桩号 0+050～0+200）铺填位置准确，摊铺边线整齐，边线偏差为−5～+5cm	**铺填位置准确，摊铺边线整齐，检测 12 点，合格 12 点（见检测记录）**	**12**	**100**
	3	接合部	纵横向符合设计要求，岸坡接合处的填料无分离、架空	**岸坡垫层接合处的填料无分离、架空现象**	—	**100**
	4	防护层回填材料质量	回填材料性能指标应符合设计要求，且不应含有损坏织物的物质	**回填砂砾石材料性能指标符合设计要求，无杂质**	—	**100**
	5	防护层回填时间	及时，回填覆盖时间超过 48h 应采取临时遮阳措施	**回填及时，均在 24h 内完成回填覆盖**	—	**100**
	6	压实参数	压实机具的型号、规格，压实遍数、压实速度、碾压振动频率、振幅和加水量应符合碾压试验确定的参数值	—	—	—
	7	压实质量	相对密度不小于设计要求	—	—	—
一般项目	1	上垫层铺填层面外观	铺填力求均衡上升，无团块、粗粒集中	—	—	—
	2	上垫层层间结合面	上下层间的结合面无泥土、杂物等	—	—	—
	3	防护层回填保护层厚度及压实度	符合设计要求，厚度允许误差 0～+5cm，压实度符合设计要求	—	—	—
	4	压层表面质量	表面平整，无漏压、欠压和出现弹簧土现象	—	—	—
	5	断面尺寸	压实后的反滤层、过渡层的断面尺寸偏差值不大于设计厚度的 10%	—	—	—
施工单位自评意见		主控项目检验结果全部符合合格质量标准，一般项目逐项检验点的合格率均大于或等于 **90** %，且不合格点不集中分布。各项报验资料 **符合** SL 631 标准要求。 工序质量等级评定为：**优良** 质检员：×××（签字，加盖公章） **2013** 年 **10** 月 **24** 日				
监理单位复核意见		经复核，主控项目检验结果全部符合合格质量标准，一般项目逐项检验点的合格率均大于或等于 **70** %，且不合格点不集中分布。各项报验资料 **符合** SL 631 标准要求。 工序质量等级核定为：**优良** 监理工程师：×××（签字，加盖公章） ××××年××月××日				

表 19.5　上垫层和防护层工序施工质量验收评定表

填 表 说 明

填表时必须遵守“填表基本要求”，并符合下列要求。

1. 本填表说明适用于上垫层和防护层工序施工质量验收评定表的填写。

2. 单位工程、分部工程、单元工程名称及部位填写要与表 19 相同。

3. 工序编号：用于档案计算机管理，实例用“—”表示。

4. 检验（检测）项目的检验（检测）方法及数量和填表说明应按下表执行。

检验项目	检验方法	检验数量	填写说明
上垫层铺料厚度	方格网定点测量	每个单元不少于 10 个点	应在砂砾石垫层单元工程中填写
上垫层铺填位置	观察、测量	每条边线，每 10 延米检测 1 组，每组 2 个点	边线偏差检测值及描述铺填位置应准确，摊铺边线应整齐
接合部	观察、查阅施工记录	全数检查	施工顺序和填料符合设计及相关施工规范要求
防护层回填材料质量	观察、取样试验	软化系数、抗冻性、渗透系数等每批次或每单位工程取样 3 组；粒径、级配、含泥量、含水量等每 100～200m³ 取样 1 组	设计回填材料为砂砾石，性能指标应符合设计要求，无杂质
防护层回填时间	观察、查阅施工记录	全数检查	回填及时，均应在 24h 内完成回填覆盖
压实参数	查阅试验报告、施工记录	每班至少检查 2 次	应在砂砾石垫层单元工程中填写
压实质量	试坑法	每 200～400m³ 检测 1 次，每个取样断面每层所取的样品不应少于 1 组	应在砂砾石垫层单元工程中填写
上垫层铺填层面外观	观察	全数检查	应在砂砾石垫层单元工程中填写
上垫层层间结合面	观察	全数检查	应在砂砾石垫层单元工程中填写
防护层回填保护层厚度及压实度	观察、量测、查阅施工记录	回填铺筑厚度每个单元检测 30 个点；碾压密实度每个单元检测 1 组	应在砂砾石垫层单元工程中填写
压层表面质量	观察	全数检查	应在砂砾石垫层单元工程中填写
断面尺寸	查阅施工记录、测量	每 100～200m³ 检测 1 组，或每 10 延米检测 1 组，每组不少于 2 个点	应在砂砾石垫层单元工程中填写

5. 工序质量要求。

（1）合格等级标准。

1）主控项目，检验结果应全部符合 SL 631 的要求。

2）一般项目，逐项应有 70%及以上的检验点合格，且不合格点不应集中。

3）各项报验资料应符合 SL 631 的要求。

（2）优良等级标准。

1）主控项目，检验结果应全部符合 SL 631 的要求。

2）一般项目，逐项应有 90％及以上的检验点合格，且不合格点不应集中。

3）各项报验资料应符合 SL 631 的要求。

6. 上垫层和防护层工序施工质量验收评定应提交下列资料。

（1）施工单位上垫层和防护层工序施工质量验收“三检”记录表。

（2）碾压试验报告及压实试验检测成果。

（3）断面尺寸检测测量成果及原始测量记录。

（4）监理单位上垫层和防护层工序施工质量各检验项目平行检测资料。

第二部分

施工质量评定备查表

表1　　表土及土质岸坡清理工序施工质量验收检测表

单位工程名称			施工单位			
分部工程名称			检测部位			
单元工程名称			检测日期	年　月　日		
检测项目	中心线与设计结构边线设计值	设计要求清理值	清理范围长度		清理范围宽度	
质量标准			允许偏差：0～＋100cm		允许偏差：0～＋100cm	
测点位置（桩号）			实测值	偏差值	实测值	偏差值
本页工序统计	实测点个数					
	合格点数					
	合格率/%					
质检员			测量员			

表 2　　　　　软基或土质岸坡开挖工序施工质量验收检测表

单位工程名称					施工单位		
分部工程名称					检测部位		
单元工程名称					检测日期		年　月　日
检测项目	坑（槽）底部高程		坑（槽）长		坑（槽）宽		斜面平整度
质量标准	允许偏差： 0～＋20cm		允许偏差： 0～＋30cm		允许偏差： 0～＋30cm		允许偏差： 0～＋15cm
测点位置（桩号）	实测值	偏差值	实测值	偏差值	实测值	偏差值	
本页工序统计　实测点个数							
合格点数							
合格率/%							
质检员				测量员			

表 3　　岩石岸坡开挖工序施工质量验收检测表

单位工程名称				施工单位		
分部工程名称				检测部位		
单元工程名称				检测日期	年　月　日	
检测项目	平均坡度		坡脚高程		局部超欠挖	
质量标准	不陡于设计坡度值		允许偏差： －20～＋20cm		允许偏差： －20～＋30cm	
测点位置（桩号）	实测值	偏差值	实测值	偏差值	实测值	偏差值
本页工序统计 实测点个数						
本页工序统计 合格点数						
本页工序统计 合格率/%						
质检员			测量员			

表 4　　　　岩石地基开挖工序施工质量验收检测表

单位工程名称					施工单位		
分部工程名称					检测部位		
单元工程名称					检测日期		年　月　日
检测项目	坑（槽）底部高程		坑（槽）长		坑（槽）宽		垂直或斜面平整度
质量标准	允许偏差：0～＋20cm		允许偏差：0～＋20cm		允许偏差：0～＋200cm		允许偏差：0～＋15cm
测点位置（桩号）	实测值	偏差值	实测值	偏差值	实测值	偏差值	
本页工序统计 实测点个数							
本页工序统计 合格点数							
本页工序统计 合格率/%							
质检员				测量员			

表 5　　　　岩石洞室开挖单元工程施工质量验收检测表

单位工程名称				施工单位				
分部工程名称				检测部位				
单元工程名称				检测日期	年　月　日			
检测项目	底部高程		径向尺寸		侧向尺寸		开挖面平整度	
质量标准	允许偏差： 0～＋15cm		允许偏差： 0～＋20cm		允许偏差： 0～＋20cm		允许偏差： 0～＋10cm	
测点位置（桩号）	实测值	偏差值	实测值	偏差值	实测值	偏差值	实测值	偏差值
本页单元统计　实测点个数								
合格点数								
合格率/%								
实测点个数								
质检员				测量员				

表 6　TBM 岩石洞室开挖单元工程施工质量验收检测表（1）

单位工程名称				施工单位				
分部工程名称				检测部位				
单元工程名称				检测日期				
检测项目（主控项目）	隧洞轴线							
	水平				垂直			
质量要求	－60～＋60mm				－40～＋40mm			
测点位置（桩号）	实测值	偏差值	实测值	偏差值	实测值	偏差值	实测值	偏差值
本页单元统计　实测点个数								
本页单元统计　合格点数								
本页单元统计　合格率/%								
质检员				测量员				

表 7　　　TBM 岩石洞室开挖单元工程施工质量验收检测表（2）

单位工程名称		施工单位		
分部工程名称		检测部位		
单元工程名称		检测日期	年　月　日	
检测项目	底部高程		径向尺寸	
质量标准	允许偏差： －6～＋6cm		允许偏差： －2～＋2cm	
测点位置（桩号）	实测值	偏差值	实测值	偏差值
本页单元统计　实测点个数				
本页单元统计　合格点数				
本页单元统计　合格率/%				
质检员		测量员		

表 8　　土质洞室开挖单元工程施工质量验收检测表

单位工程名称						施工单位						
分部工程名称						检测部位						
单元工程名称						检测日期						
检测项目		底部高程			径向尺寸			侧向尺寸			开挖面平整度	
质量要求		允许偏差：0～＋10cm			允许偏差：0～＋10cm			允许偏差：0～＋10cm			允许偏差：0～＋10cm	
测点位置（桩号）		设计值	实测值	偏差值	设计值	实测值	偏差值	设计值	实测值	偏差值	实测值	偏差值
本页单元统计	实测点个数											
	合格点数											
	合格率/%											
质检员					测量员							

表 9　　土料填筑接合面处理工序施工质量验收检测表

单位工程名称				施工单位						
分部工程名称				检测部位						
单元工程名称				检测日期						
检测项目	建基面地基压实度			土质建基面刨毛		岩面和混凝土面处理				
质量要求	不小于设计值			允许偏差：3～5cm		混凝土面 涂刷：3～5mm 铺浆：0～+2mm		裂隙岩面 涂刷：5～10mm 铺浆：0～+2mm		
测点位置（桩号）	设计值	实测值	偏差值	实测值	偏差值	实测值	偏差值	实测值	偏差值	
本页工序统计 实测点个数										
本页工序统计 合格点数										
本页工序统计 合格率/%										
质检员				测量员						

表 10　　土料填筑卸料及铺填工序施工质量验收检测表

单位工程名称				施工单位				
分部工程名称				检测部位				
单元工程名称				检测日期				
检测项目	铺土厚度				铺料边线			
质量标准	允许偏差： －5～0cm				人工：0～＋10cm 机械：0～＋30cm			
测点位置 （桩号）	上一层压实后实测高程	摊铺实测高程	计算铺土厚度	偏差值	设计边线值	设计要求值	实测值	偏差值
本页工序统计	实测点个数							
	合格点数							
	合格率/%							
质检员				测量员				

表 11　　　　土料填筑压实工序施工质量验收检测表

单位工程名称				施工单位				
分部工程名称				检测部位				
单元工程名称				检测日期				
检测项目	压实质量				搭接面宽度			
	设计压实度							
	1级、2级坝和高坝		3级中低坝及3级以下中坝		垂直碾压方向		顺碾压方向	
	压实度	最优含水率	压实度	最优含水率				
质量标准	不低于98%，取样合格率不小于90%。不合格试样不应集中，且不低于压实度设计值	土料的含水偏差应控制在最优量的－2%～＋3%偏差之间	不低于96%，取样合格率不小于90%。不合格试样不应集中，且不低于压实度设计值	土料的含水量应控制在最优量的－2%～＋3%之间	搭接宽度应为0.3～0.5m		搭接宽度应为1.0～1.5m	
测点位置（桩号）								
本页工序统计：实测点个数								
本页工序统计：合格点数								
本页工序统计：合格率/%								
质检员				测量员				

表 12　砂砾料铺填工序施工质量验收检测表

单位工程名称					施工单位			
分部工程名称					检测部位			
单元工程名称					检测日期			
检测项目	铺料厚度				富裕铺填宽度			
质量标准	允许偏差： 0～＋10％				允许偏差： 0～＋10cm			
测点位置 （桩号）	理论高程	实测高程	铺土厚度	偏差值	设计边线值	设计要求值	实测值	偏差值
本页工序统计　实测点个数								
本页工序统计　合格点数								
本页工序统计　合格率/％								
质检员					测量员			

表 13　　　　砂砾料压实工序施工质量验收检测表

单位工程名称				施工单位				
分部工程名称				检测部位				
单元工程名称				检测日期				
检测项目	压实质量		断面尺寸					
	设计相对密度		设计边坡超填			轴线		
质量标准	不低于设计要求		允许偏差：－20～＋20cm			允许偏差：－30～＋30cm		
测点位置（桩号）	实测值	偏差值	设计值	实测值	偏差值	设计值	实测值	偏差值
本页工序统计 实测点个数								
本页工序统计 合格点数								
本页工序统计 合格率/%								
质检员				测量员				

表 14　　　　堆石料铺填工序施工质量验收检测表

单位工程名称		施工单位		
分部工程名称		检测部位		
单元工程名称		检测日期		
检测项目	铺料厚度			
质量标准	允许偏差：－10%～0			
测点位置（桩号）	理论高程	实测高程	计算铺料厚度	偏差值
本页工序统计 实测点个数				
本页工序统计 合格点数				
本页工序统计 合格率/%				
质检员		测量员		

表 15　　　　　　　　　堆石料压实工序施工质量验收检测表

单位工程名称					施工单位					
分部工程名称					检测部位					
单元工程名称					检测日期					
检测项目	压实质量	断面尺寸								
		下游坡铺填边线			过渡层与主堆石区分界线			垫层与过渡层分界线		
质量标准	孔隙率不大于设计要求（≤25%）	有护坡允许偏差：－20～＋20cm 无护坡允许偏差：－30～＋30cm			允许偏差：－30～＋30cm			允许偏差：－10～0cm		
测点位置（桩号）	实测值	设计值	实测值	偏差值	设计值	实测值	偏差值	设计值	实测值	偏差值

本页工序统计	实测点个数		
	合格点数		
	合格率/%		

质检员		测量员	

表 16　　反滤（过渡）料铺填工序施工质量验收检测表

单位工程名称				施工单位			
分部工程名称				检测部位			
单元工程名称				检测日期			
检测项目	铺料厚度				铺料边线		
质量标准	允许偏差：不大于铺料厚度的10%				允许偏差：－5～＋5cm		
测点位置（桩号）	理论高程	实测高程	铺土厚度	偏差值	设计边线值	实测值	偏差值
本页工序统计	实测点个数						
	合格点数						
	合格率/%						
质检员			测量员				

表 17　　　　　反滤（过渡）料压实工序施工质量验收检测表

单位工程名称			施工单位			
分部工程名称			检测部位			
单元工程名称			检测日期			
检测项目	压实质量		断面尺寸			
	设计相对密度		反滤（过渡）平面宽度			
质量标准	不小于设计要求		不低于设计厚度 10%			
测点位置（桩号）	实测值	偏差值	实测边线 1	实测边线 2	计算宽度	偏差值
本页工序统计 实测点个数						
本页工序统计 合格点数						
本页工序统计 合格率/%						
质检员			测量员			

表 18　　　　　　垫层料铺填工序施工质量验收检测表

单位工程名称					施工单位					
分部工程名称					检测部位					
单元工程名称					检测日期					
检测项目	铺料厚度				铺填位置					
					垫层与过渡层分界线与坝轴线			垫层外坡线与坝轴线		
质量标准	允许偏差：－3～＋3cm				允许偏差：－10～0cm			允许偏差：－5～＋5cm		
测点位置（桩号）	理论高程	实测高程	计算铺土厚度	偏差值	设计值	实测值	偏差值	设计值	实测值	偏差值
本页工序统计：实测点个数										
本页工序统计：合格点数										
本页工序统计：合格率/%										
质检员					测量员					

表 19

环刀法土方填筑压实度试验记录表

工程名称：　　　　　　　　　　　　　　　　单位工程：

分部工程：　　　　　　　　　　　　　　　　单元工程：

试验方法：烘干法　　　　　　　　　　　　　试验日期：　　　年　　月　　日

取样桩号															
取样深度															
取样位置															
土样种类															
湿密度	湿土质量/g	①													
	环刀容积/cm^3	v													
	湿密度/(g/cm^3)	②	①/v												
干密度	铝盒号	③													
	铝盒质量/g	④													
	铝盒＋湿土质量/g	⑤													
	铝盒＋干土质量/g	⑥													
	水质量/g	⑦	⑤－⑥												
	干土质量/g	⑧	⑥－④												
	含水量/%	⑨	⑦×100/⑧												
	平均含水量/%	w													
	干密度/(g/cm^3)	ρ_d	②/(1＋0.01w)												
	最大干密/(g/cm^3)	ρ_c													
	压实度/%		ρ_d/ρ_c												

施工单位：　　　　　　　　　　　　　　　　监理单位：

试验员：　　　　　　质量员：　　　　　　　监理工程师：　　　　　　日期：

表 20

灌砂法压实度检测记录表

工程名称：　　　　　　　　　　　　　　　　单位工程：

分部工程：　　　　　　　　　　　　　　　　单元工程：

试验方法：　　　　　　　　　　　　　　　　试验日期：　　　　年　月　日

试验基本参数	锥体内砂重 m/g		标准砂密度 P_s /(g/cm^3)			
	最大干密度 /(g/cm^3)		最佳含水量 /%		设计压实度 /%	

		项目												
		取样桩号												
		取样深度												
		取样位置												
		土样种类												
湿密度	①	灌砂前筒＋砂重/g												
	②	灌砂后筒＋砂重/g												
	③	灌入试坑砂重/g ①－②												
	④	度坑体积/cm^3 ③/P_s												
	⑤	湿试样重/g												
	⑥	湿密度/(g/cm^3) ⑤/④												
含水量	⑦	盒号												
	⑧	盒重/g												
	⑨	盒＋湿土重/g												
	⑩	盒＋干土重/g												
	⑪	干土重/g ⑩－⑧												
	⑫	水重/g ⑨－⑩												
	⑬	含水率 ⑫/⑪×100％												
	⑭	平均含水量/％												
	⑮	干密度/(g/cm^3) ⑥/(1＋0.01w)												
	⑯	最大干密度/(g/cm^3)												
	⑰	压实度 ⑮/⑯×100％												
	⑱	压实层厚度/cm												

施工单位：　　　　　　　　　　　　　　　　监理单位：

试验员：　　　　　　质量员：　　　　　　　监理工程师：　　　　日期：

表 21　　　　　垫层料压实工序施工质量验收检测表

单位工程名称			施工单位			
分部工程名称			检测部位			
单元工程名称			检测日期			
检测项目	垫层坡面保护					
	碾压水泥砂浆		喷射混凝土或水泥砂浆		阳离子乳化沥青	
	铺料厚度	平整度	喷层厚度	平整度	喷涂层数	喷涂间隔时间
质量标准	设计厚度：－3～＋3cm	偏离设计线：－8～＋5cm	设计厚度：－5～＋5cm	允许偏差：0～＋3cm	满足设计要求	不小于24h
测点位置（桩号）	实测值	实测值	实测值	实测值	实喷层值	实测值
本页工序统计	实测点个数					
	合格点数					
	合格率/%					
质检员			测量员			

表 22　　排水单元工程施工质量验收检测表

单位工程名称							施工单位								
分部工程名称							检测部位								
单元工程名称							检测日期								
检测项目	排水设置位置						排水材料摊铺			结构外轮廓尺寸		排水体外观			
	基底高程			中/边线						长度	宽度	表面平整度	顶高程		
质量标准	允许偏差：－3～＋3cm			允许偏差：－3～＋3cm			允许偏差：－3～＋3cm			不小于设计尺寸的10％		允许偏差：－3～＋3cm	干砌：－5～＋5cm 浆砌：－3～＋3cm		
测点位置（桩号）	设计高程	实测高程	偏差值	设计边线	实测边线	偏差值	设计边线	实测值	偏差值	实测值	实测值	实测值	设计高程	实测高程	偏差值
本页单元工程统计：实测点个数															
本页单元工程统计：合格点数															
本页单元工程统计：合格率/%															
质检员						测量员									

表 23　　　　　　干砌石单元工程施工质量验收检测表

单位工程名称				施工单位			
分部工程名称				检测部位			
单元工程名称				检测日期			
检测项目	干砌石体的断面尺寸						
	表面平整度	厚度			坡度		
质量标准	允许偏差：0～＋3cm	允许偏差：0～＋10％			允许偏差：－2％～＋2％		
测点位置（桩号）	实测值	设计值	实测值	偏差值	设计坡度	实测值	偏差值
本页单元工程统计	实测点个数						
	合格点数						
	合格率/％						
质检员			测量员				

表 24　护坡垫层单元工程施工质量验收检测表

单位工程名称				施工单位		
分部工程名称				检测部位		
单元工程名称				检测日期		
检测项目	铺料厚度			铺填位置		
质量标准	检测点允许偏差不大于铺料厚度的10%，且不应超厚			边线整齐，边线偏差：－5～＋5cm		
测点位置（桩号）	设计厚度	实测厚度	偏差值	设计值	实测值	偏差值
本页单元工程统计　实测点个数						
本页单元工程统计　合格点数						
本页单元工程统计　合格率/%						
质检员		测量员				

表 25

水泥砂浆砌石体砌筑工序施工质量验收检测表

<table>
<tr><td>单位工程名称</td><td colspan="11"></td><td colspan="4">施工单位</td><td colspan="8"></td></tr>
<tr><td>分部工程名称</td><td colspan="11"></td><td colspan="4">检测部位</td><td colspan="8"></td></tr>
<tr><td>单元工程名称</td><td colspan="11"></td><td colspan="4">检测日期</td><td colspan="8"></td></tr>
<tr><td rowspan="4">检测项目</td><td colspan="4">砌缝宽度/mm</td><td colspan="8">浆砌石坝体的外轮廓尺寸允许偏差/mm</td><td colspan="4">浆砌石墩、墙砌体尺寸、位置允许偏差/mm</td><td colspan="7">浆砌石溢洪道溢流面砌筑结构尺寸允许偏差/mm</td></tr>
<tr><td>类别</td><td>粗料石</td><td>预制块</td><td>块石</td><td colspan="3">坝体轮廓线</td><td colspan="5">浆砌石（混凝土预制块）护坡</td><td rowspan="3">轴线位置偏移</td><td rowspan="3">顶面高程</td><td colspan="2">厚度</td><td colspan="2">砌缝类别</td><td colspan="2">平面控制</td><td colspan="2">竖向控制</td><td rowspan="3">表面平整度</td></tr>
<tr><td>平缝</td><td>15～20</td><td>10～15</td><td>20～25</td><td rowspan="2">平面</td><td colspan="2">高程</td><td colspan="2">表面平整度</td><td colspan="2">厚度</td><td rowspan="2">坡度</td><td rowspan="2">设闸门部位</td><td rowspan="2">无闸门部位</td><td rowspan="2">平缝</td><td rowspan="2">竖缝</td><td>堰顶</td><td>轮廓线</td><td>堰顶</td><td>其他位置</td></tr>
<tr><td>竖缝</td><td>20～30</td><td>15～20</td><td>20～40</td><td>重力坝</td><td>拱坝、支墩坝</td><td>浆砌石</td><td>混凝土预制块</td><td>浆砌石</td><td>混凝土预制块</td><td></td><td></td><td></td><td></td></tr>
<tr><td>质量标准</td><td colspan="4">允许偏差：
−10%～+10%</td><td>−40
～
+40</td><td>−30
～
+30</td><td>−20
～
+20</td><td>0
～
+30</td><td>0
～
+10</td><td>−30
～
+30</td><td>−100
～
+100</td><td>−2%
～
+2%</td><td>−10
～
+10</td><td>−15
～
+15</td><td>−10
～
+10</td><td>−20
～
+20</td><td>−2
～
+2</td><td>−2
～
+2</td><td>−10
～
+10</td><td>−20
～
+20</td><td>−10
～
+10</td><td>−20
～
+20</td><td>0
～
+20</td></tr>
<tr><td>测点位置
（桩号）</td><td>设计值</td><td>实测值、偏差值</td><td>实测值、偏差值</td><td>实测值、偏差值</td><td>设计值、实测值、偏差值</td><td>设计值、实测值、偏差值</td><td>设计值、实测值、偏差值</td><td>实测值</td><td>实测值</td><td colspan="2">设计值、实测值、偏差值</td><td>设计值、实测值、偏差值</td><td>设计值、实测值、偏差值</td><td>设计值、实测值、偏差值</td><td colspan="2">设计值、实测值、偏差值</td><td>实测值</td><td>实测值</td><td>设计值、实测值、偏差值</td><td>设计值、实测值、偏差值</td><td>设计值、实测值、偏差值</td><td>设计值、实测值、偏差值</td><td>实测值</td></tr>
<tr><td></td><td></td><td></td><td></td><td></td><td></td><td></td><td></td><td></td><td></td><td colspan="2"></td><td></td><td></td><td></td><td colspan="2"></td><td></td><td></td><td></td><td></td><td></td><td></td><td></td></tr>
<tr><td></td><td></td><td></td><td></td><td></td><td></td><td></td><td></td><td></td><td></td><td colspan="2"></td><td></td><td></td><td></td><td colspan="2"></td><td></td><td></td><td></td><td></td><td></td><td></td><td></td></tr>
<tr><td rowspan="3">本页
工序
统计</td><td colspan="3">实测点个数</td><td colspan="7"></td><td colspan="13"></td></tr>
<tr><td colspan="3">合格点数</td><td colspan="7"></td><td colspan="13"></td></tr>
<tr><td colspan="3">合格率/%</td><td colspan="7"></td><td colspan="13"></td></tr>
<tr><td colspan="4">质检员</td><td colspan="7"></td><td colspan="6">测量员</td><td colspan="7"></td></tr>
</table>

表 26

混凝土砌石体砌筑工序施工质量验收检测表

<table>
<tr><td>单位工程名称</td><td colspan="9"></td><td colspan="4">施工单位</td><td colspan="8"></td></tr>
<tr><td>分部工程名称</td><td colspan="9"></td><td colspan="4">检测部位</td><td colspan="8"></td></tr>
<tr><td>单元工程名称</td><td colspan="9"></td><td colspan="4">检测日期</td><td colspan="8"></td></tr>
<tr><td rowspan="4">检测项目</td><td colspan="4">砌缝宽度/mm</td><td colspan="6">混凝土砌石坝体的外轮廓尺寸允许偏差/mm</td><td colspan="4">混凝土砌石墩、墙砌体尺寸、位置允许偏差/mm</td><td colspan="7">混凝土砌石溢洪道溢流面砌筑结构尺寸允许偏差/mm</td></tr>
<tr><td>类别</td><td>粗料石</td><td>预制块</td><td>块石</td><td colspan="3">坝体轮廓线</td><td colspan="3">浆砌石（混凝土预制块）护坡</td><td rowspan="3">轴线位置偏移</td><td rowspan="3">顶面高程</td><td colspan="2">厚度</td><td colspan="2">砌缝类别</td><td colspan="2">平面控制</td><td colspan="2">竖向控制</td><td rowspan="3">表面平整度</td></tr>
<tr><td>平缝</td><td>25～30</td><td>20～25</td><td>30～35</td><td rowspan="2">平面</td><td colspan="2">高程</td><td rowspan="2">表面平整度</td><td rowspan="2">厚度</td><td rowspan="2">坡度</td><td rowspan="2">设闸门部位</td><td rowspan="2">无闸门部位</td><td rowspan="2">平缝</td><td rowspan="2">竖缝</td><td rowspan="2">堰顶</td><td rowspan="2">轮廓线</td><td rowspan="2">堰顶</td><td rowspan="2">其他位置</td></tr>
<tr><td>竖缝</td><td>30～40</td><td>25～30</td><td>30～50</td><td>重力坝</td><td>拱坝、支墩坝</td></tr>
<tr><td>质量标准</td><td colspan="4">允许偏差：−10%～+10%</td><td>−40～+40</td><td>−30～+30</td><td>−20～+20</td><td>0～+30</td><td>−30～+30</td><td>−2%～+2%</td><td>−10～+10</td><td>−15～+15</td><td>−10～+10</td><td>−20～+20</td><td>−2～+2</td><td>−2～+2</td><td>−10～+10</td><td>−20～+20</td><td>−10～+10</td><td>−20～+20</td><td>0～+20</td></tr>
<tr><td>测点位置（桩号）</td><td>设计值</td><td>实测值、偏差值</td><td>实测值、偏差值</td><td>实测值、偏差值</td><td>设计值、实测值、偏差值</td><td>设计值、实测值、偏差值</td><td>设计值、实测值、偏差值</td><td>实测值</td><td>设计值、实测值、偏差值</td><td>设计值、实测值、偏差值</td><td>设计值、实测值、偏差值</td><td>设计值、实测值、偏差值</td><td colspan="2">设计值、实测值、偏差值</td><td>实测值</td><td>实测值</td><td>设计值、实测值、偏差值</td><td>设计值、实测值、偏差值</td><td>设计值、实测值、偏差值</td><td>设计值、实测值、偏差值</td><td>实测值</td></tr>
<tr><td></td><td></td><td></td><td></td><td></td><td></td><td></td><td></td><td></td><td></td><td></td><td></td><td></td><td></td><td></td><td></td><td></td><td></td><td></td><td></td><td></td><td></td></tr>
<tr><td></td><td></td><td></td><td></td><td></td><td></td><td></td><td></td><td></td><td></td><td></td><td></td><td></td><td></td><td></td><td></td><td></td><td></td><td></td><td></td><td></td><td></td></tr>
<tr><td rowspan="3">本页工序统计</td><td colspan="3">实测点个数</td><td colspan="6"></td><td colspan="12"></td></tr>
<tr><td colspan="3">合格点数</td><td colspan="6"></td><td colspan="12"></td></tr>
<tr><td colspan="3">合格率/%</td><td colspan="6"></td><td colspan="12"></td></tr>
<tr><td colspan="4">质检员</td><td colspan="7"></td><td colspan="5">测量员</td><td colspan="6"></td></tr>
</table>

表 27　水泥砂浆勾缝单元工程施工质量验收检测表

单位工程名称				施工单位			
分部工程名称				检测部位			
单元工程名称				检测日期			
检测项目	清缝				水泥砂浆沉入度		
	水平缝		竖缝				
质量标准	宽度不小于砌缝宽度	深度不小于4cm	宽度不小于砌缝宽度	深度不小于5cm	符合设计要求（允许偏差为－1～＋1cm）		
测点位置（桩号）	实测值	实测值	实测值	实测值	设计值	实测值	偏差值
本页单元工程统计	实测点个数						
	合格点数						
	合格率/%						
质检员				测量员			

表 28　场地清理与垫层料铺设工序施工质量验收检测表

单位工程名称				施工单位			
分部工程名称				检测部位			
单元工程名称				检测日期			
检测项目	场地清理、平整及铺设范围						
	场地清理、平整长度		场地清理、平整宽度		铺设范围检测		
质量标准	场地清理、平整及铺设范围符合设计要求						
测点位置（桩号）	设计值	实测值	设计值	实测值	设计值	实测值	偏差值
本页工序统计 实测点个数							
本页工序统计 合格点数							
本页工序统计 合格率/%							
质检员			测量员				

表 29　　土工织物铺设工序施工质量验收检测表

单位工程名称			施工单位	
分部工程名称			检测部位	
单元工程名称			检测日期	
检测项目	拼接			
质量标准	搭接或缝接符合设计要求，缝接宽度不小于10cm	平地搭接宽度不小于30cm	不平整场地或极软土搭接宽度不小于50cm	水下及受水流冲击部位应采用缝接，缝接宽度不小于25cm，且缝成两道缝
测点位置（桩号）	实测值	实测值	实测值	实测值
本页工序统计	实测点个数			
	合格点数			
	合格率/%			
质检员		测量员		

表 30　　回填和表面防护工序施工质量验收检测表

单位工程名称		施工单位	
分部工程名称		检测部位	
单元工程名称		检测日期	
检测项目	回填保护层厚度		
质量标准	符合设计要求，厚度允许误差为 0～+5cm		
测点位置 （桩号）	设计值	实测值	偏差值
本页工序统计	实测点个数		
	合格点数		
	合格率/%		
质检员		测量员	

表 31　　土工膜铺设工序施工质量验收检测表

单位工程名称		施工单位		
分部工程名称		检测部位		
单元工程名称		检测日期		
检测项目	拼接			
质量标准	拼接方法、搭接宽度应符合设计要求			
	粘接搭接宽度不小于 15cm	焊缝搭接宽度不小于 10cm	膜间形成的节点，应为 T 字形，不应做成十字形	接缝处强度不低于母材的 80%
测点位置（桩号）	实测值	实测值	实测值	实测值
本页工序统计	实测点个数			
	合格点数			
	合格率/%			
质检员		测量员		

表 32　土工膜与刚性建筑物或周边连接处理工序施工质量验收检测表

单位工程名称			施工单位	
分部工程名称			检测部位	
单元工程名称			检测日期	
检测项目	沟槽开挖、结构尺寸			
质量标准	拼接方法、搭接宽度应符合设计要求			
	边封闭沟槽土石方开挖尺寸，封闭材料如黏土、混凝土结构尺寸应满足设计要求，检测点误差为－2～＋2cm			
测点位置（桩号）	设计宽度	实测值	设计深度	实测值
本页工序统计	实测点个数			
	合格点数			
	合格率/%			
质检员		测量员		

表 33　　　　　　　　　　**自 检 记 录 表**

<table>
<tr><td>单位工程名称</td><td></td><td>施工单位</td><td></td></tr>
<tr><td>分部工程名称</td><td></td><td>检测部位</td><td></td></tr>
<tr><td>单元工程名称</td><td></td><td>检测日期</td><td></td></tr>
<tr><td>检查内容</td><td colspan="3"></td></tr>
<tr><td>自检结果</td><td colspan="3">自检人：
年　月　日　时</td></tr>
<tr><td>复检结果</td><td colspan="3">复检人：
年　月　日　时</td></tr>
<tr><td>终检结果</td><td colspan="3">终检人：
年　月　日　时</td></tr>
</table>

表 34　　　　　　　　见证取样和送检见证人备案书

<table>
<tr><td colspan="2">______________________（质量监督机构）：
______________________（检测单位）：
我单位决定，由________同志担任______________工程见证取样和送检见证人。有关的印章和签字如下，请查收备案。</td></tr>
<tr><td>见证取样和送检印章</td><td>见证人签字</td></tr>
<tr><td></td><td></td></tr>
<tr><td colspan="2">建设单位名称：　　（盖公章）　　　　　　　　年　月　日</td></tr>
<tr><td colspan="2">监理单位名称：　　（盖公章）　　　　　　　　年　月　日</td></tr>
<tr><td colspan="2">施工项目负责人：　　（签字）　　　　　　　　年　月　日</td></tr>
</table>

表 35　　　　　　　**见 证 取 样 记 录**

工程名称			
取样部位			
样品名称		取样数量	
取样地点		取样日期	年　月　日
见证记录：			
见证取样和送检印章			
取样人签字			
见证人签字			
填表日期	年　月　日		

表 36　　见证试验汇总表

工程名称				
施工单位				
建设单位				
监理单位				
见证人				
见证检测单位名称				
试验项目	应送试总次数	见证试验次数	不合格次数	备　注
制表人：				年　月　日

表 37　　　　　　　　管道闭气试验记录

<table>
<tr><td>工程名称</td><td colspan="5"></td></tr>
<tr><td>施工单位</td><td colspan="5"></td></tr>
<tr><td>起止井号</td><td colspan="5">号井段至______号井段______共______ m</td></tr>
<tr><td>管径</td><td colspan="2">ϕ______ mm ______管</td><td>接口种类</td><td colspan="2"></td></tr>
<tr><td>试验日期</td><td></td><td>试验次数</td><td>第____次
共____次</td><td>环境温度</td><td>℃</td></tr>
<tr><td>标准闭气时间/s</td><td colspan="5"></td></tr>
<tr><td>≥1600mm 管道的内压修正</td><td>起始温度 T_1 /℃</td><td>终止温度 T_2 /℃</td><td>标准闭气时间的管内压力值 P/Pa</td><td colspan="2">修正后管内气体压降值 ΔP/Pa</td></tr>
<tr><td></td><td></td><td></td><td></td><td colspan="2"></td></tr>
<tr><td>检验结果</td><td colspan="5"></td></tr>
<tr><td>建设单位</td><td>监理单位</td><td>设计单位</td><td>施工单位</td><td colspan="2">运行管理单位</td></tr>
<tr><td></td><td></td><td></td><td></td><td colspan="2"></td></tr>
</table>

表 38 管道闭水试验记录

<table>
<tr><td>工程名称</td><td colspan="3"></td><td>试验日期</td><td colspan="2">年 月 日</td></tr>
<tr><td>施工单位</td><td colspan="6"></td></tr>
<tr><td>桩号及地段</td><td colspan="6"></td></tr>
<tr><td>管道内径/mm</td><td colspan="2">管材种类</td><td colspan="2">接口种类</td><td colspan="2">试验段长度/m</td></tr>
<tr><td></td><td colspan="2"></td><td colspan="2"></td><td colspan="2"></td></tr>
<tr><td>试验段上游设计水头/m</td><td colspan="3">试验水头/m</td><td colspan="3">允许渗水量/[m^3/(24h·km)]</td></tr>
<tr><td></td><td colspan="3"></td><td colspan="3"></td></tr>
<tr><td rowspan="6">渗水量测定记录</td><td>次数</td><td>观测起始时间 T_1</td><td>观测结束时间 T_2</td><td>恒压时间 T/min</td><td>恒压时间内补入的水量/L</td><td>实测渗水量 q/[L/(min·m)]</td></tr>
<tr><td>1</td><td></td><td></td><td></td><td></td><td></td></tr>
<tr><td>2</td><td></td><td></td><td></td><td></td><td></td></tr>
<tr><td>3</td><td></td><td></td><td></td><td></td><td></td></tr>
<tr><td></td><td></td><td></td><td></td><td></td><td></td></tr>
<tr><td colspan="6">折合平均实测渗水量/[m^3/(24h·km)]</td></tr>
<tr><td>外观记录</td><td colspan="6"></td></tr>
<tr><td>评语</td><td colspan="6"></td></tr>
<tr><td>建设单位</td><td colspan="2">监理单位</td><td colspan="2">设计单位</td><td>施工单位</td><td>运行管理单位</td></tr>
<tr><td></td><td colspan="2"></td><td colspan="2"></td><td></td><td></td></tr>
</table>

表 39

管道注水法试验记录

<table>
<tr><td colspan="2">工程名称</td><td colspan="2"></td><td>试验日期</td><td colspan="2">年　月　日</td></tr>
<tr><td colspan="2">施工单位</td><td colspan="2"></td><td></td><td colspan="2"></td></tr>
<tr><td colspan="2">桩号及地段</td><td colspan="2"></td><td></td><td colspan="2"></td></tr>
<tr><td colspan="2">管道内径/mm</td><td colspan="2">管材种类</td><td colspan="2">接口种类</td><td>试验段长度/m</td></tr>
<tr><td colspan="2"></td><td colspan="2"></td><td colspan="2"></td><td></td></tr>
<tr><td colspan="2">工作压力/MPa</td><td colspan="2">试验压力/MPa</td><td colspan="2">15min 降压值/MPa</td><td>允许渗水量
[L/(min・km)]</td></tr>
<tr><td colspan="2"></td><td colspan="2"></td><td colspan="2"></td><td></td></tr>
<tr><td rowspan="7">渗水量测定记录</td><td>次数</td><td>达到试验压力的时间 t_1</td><td>恒压结束时间 t_2</td><td>恒压时间 T/min</td><td>恒压时间内补入的水量 W/L</td><td>实测渗水量 q/[L/(min・km)]</td></tr>
<tr><td>1</td><td></td><td></td><td></td><td></td><td></td></tr>
<tr><td>2</td><td></td><td></td><td></td><td></td><td></td></tr>
<tr><td>3</td><td></td><td></td><td></td><td></td><td></td></tr>
<tr><td>4</td><td></td><td></td><td></td><td></td><td></td></tr>
<tr><td>5</td><td></td><td></td><td></td><td></td><td></td></tr>
<tr><td colspan="6">折合平均实测渗水量/[L/(min・km)]</td></tr>
<tr><td colspan="2">外观</td><td colspan="5"></td></tr>
<tr><td colspan="2">评语</td><td colspan="5"></td></tr>
</table>

建设单位	监理单位	设计单位	施工单位	运行管理单位

第三部分

单位、分部工程质量评定通用表

________工程

表 1　　　　工程项目施工质量评定表（样表）

工程项目名称		项目法人	
工程等级		设计单位	
建设地点		监理单位	
主要工程量		施工单位	
开工、竣工日期	年　月　日— 年　月　日	评定日期	年　月　日

序号	单位工程名称	单元工程质量统计			分部工程质量统计			单位工程等级	备注
		个数/个	其中优良/个	优良率/%	个数/个	其中优良/个	优良率/%		
1									
2									
3									
4									
5									
6									
7									
8									
9									
10									
11									
12									
13									
单元工程、分部工程合计									
评定结果	本项目单位工程________个，质量全部合格。其中优良工程________个，优良率________%，主要单位工程优良率________%，观测资料分析结论：________								

监理单位意见	项目法人意见	工程质量监督机构核定意见
工程项目质量等级： 总监理工程师： 监理单位：（盖公章） 年　月　日	工程项目质量等级： 法定代表人： 项目法人：（盖公章） 年　月　日	工程项目质量等级： 负责人： 质量监督机构：（盖公章） 年　月　日

表1　工程项目施工质量评定表

填　表　说　明

填表时必须遵守“填表基本规则”，并符合下列要求。

1. 工程项目名称：按批准的初步设计报告的项目名称填写。

2. 工程等级：填写本工程项目等别、规模及主要建筑物级别。

3. 建设地点：填写建设工程的具体地名，如省、县、乡。

4. 主要工程量：填写2～3项数量最大及次大的工程量。混凝土工程必须填写混凝土（包括钢筋混凝土）方量，土石方工程必须填写土石方填筑方量，砌石工程必须填写砌石方量。

5. 项目法人（建设单位）：填写全称。

6. 设计、施工、监理等单位：填写与项目法人签订合同时所用的名称（全称）。若一个工程项目是由多个施工（或多个设计、监理）单位承担任务时，表中只需填出承担主要任务的单位全称，并附页列出全部承担任务单位全称及各单位所完成的单位工程名称。若工程项目由一个施工单位总包、几个单位分包完成，表中只填总包单位全称，并附页列出分包单位全称及所完成的单位工程名称。

7. 开工日期：填写主体工程开工的年份（4位数）及月份。

8. 竣工日期：填写批准设计规定的内容全部完工的年（4位数）及月份。

9. 评定日期：填写工程项目质量等级评定的实际日期。

10. 本表在工程项目按批准设计规定的各单位工程已全部完成，各单位工程已进行施工质量等级评定后，由监理单位质检机构负责人填写，并进行工程项目质量评定，总监理工程师签字加盖公章，再交项目法人评定，项目法人的法定代表人签字，并盖公章，报质量监督机构核定质量等级，质量监督项目站长或质量监督机构委派的该项目负责人签字，并加盖公章。

11. 工程项目质量标准。

（1）合格等级标准。

1）单位工程质量全部合格。

2）工程施工期及试运行期，各单位工程观测资料分析结果均符合国家和行业技术标准以及合同约定的标准要求。

（2）优良等级标准。

1）单位工程质量全部合格，其中有70%以上单位工程质量达到优良等级，且主要单位工程质量全部优良。

2）工程施工期及试运行期，各单位工程观测资料分析结果均符合国家和行业技术标准以及合同约定的标准要求。

______工程

表 2　　单位工程施工质量评定表（样表）

<table>
<tr><td colspan="2">工程项目名称</td><td colspan="2"></td><td colspan="2">施工单位</td><td colspan="2"></td></tr>
<tr><td colspan="2">单位工程名称</td><td colspan="2"></td><td colspan="2">施工日期</td><td colspan="2">年 月 日— 年 月 日</td></tr>
<tr><td colspan="2">单位工程量</td><td colspan="2"></td><td colspan="2">评定日期</td><td colspan="2"></td></tr>
<tr><td rowspan="2">序号</td><td rowspan="2">分部工程名称</td><td colspan="2">质量等级</td><td rowspan="2">序号</td><td rowspan="2">分部工程名称</td><td colspan="2">质量等级</td></tr>
<tr><td>合格</td><td>优良</td><td>合格</td><td>优良</td></tr>
<tr><td>1</td><td></td><td></td><td></td><td>8</td><td></td><td></td><td></td></tr>
<tr><td>2</td><td></td><td></td><td></td><td>9</td><td></td><td></td><td></td></tr>
<tr><td>3</td><td></td><td></td><td></td><td>10</td><td></td><td></td><td></td></tr>
<tr><td>4</td><td></td><td></td><td></td><td>11</td><td></td><td></td><td></td></tr>
<tr><td>5</td><td></td><td></td><td></td><td>12</td><td></td><td></td><td></td></tr>
<tr><td>6</td><td></td><td></td><td></td><td>13</td><td></td><td></td><td></td></tr>
<tr><td>7</td><td></td><td></td><td></td><td>14</td><td></td><td></td><td></td></tr>
<tr><td colspan="8">分部工程共____个，全部合格，其中优良____个，优良率____%，主要分部工程优良率____%</td></tr>
<tr><td colspan="2">外观质量</td><td colspan="6">应得____分，实得____分，得分率____%</td></tr>
<tr><td colspan="2">施工质量检验资料</td><td colspan="6"></td></tr>
<tr><td colspan="2">质量事故处理情况</td><td colspan="6"></td></tr>
<tr><td colspan="2">观测资料分析结论</td><td colspan="6"></td></tr>
<tr><td colspan="2">施工单位自评等级：
评定人：
项目经理：
（盖公章）
年 月 日</td><td colspan="2">监理单位复核等级：
复核人：
总监或副总监：
（盖公章）
年 月 日</td><td colspan="2">项目法人认定等级：
认定人：
单位负责人：
（盖公章）
年 月 日</td><td colspan="2">工程质量监督机构核定等级：
核定人：
机构负责人：
（盖公章）
年 月 日</td></tr>
</table>

表2　单位工程施工质量评定表

填　表　说　明

填表时必须遵守“填表基本要求”，并符合下列要求。

1. 本表是单位工程质量评定表的统一格式。

2. 单位工程量，只填写本单位工程的主要工程量，表头其余各项按“填表基本规则”填写。

3. 分部工程名称按项目划分时确定的名称填写，并在相应的质量等级栏内加“√”标明。主要分部工程是指对工程安全、功能或效益起控制作用的分部工程，在项目划分时确定。主要分部工程名称前应加“△”符号。

4. 表身各项由施工单位按照经建设、监理核定的质量结论填写。

5. 表尾由各单位填写：①施工单位评定人指施工单位质检处负责人，项目经理指该项目质量责任人。本表应由施工单位质检处负责人填写和自评，项目经理审查、签字并加盖公章；②监理单位复核人：指负责本单位工程质量控制的监理工程师。监理工程师复核后应由总监理工程师签字并加盖公章；③质量监督机构的核定人指负责本单位工程的质量监督员。项目监督负责人指项目站长或该项目监督责任人。

6. 单位工程质量标准。

(1) 合格等级标准。

1) 所含分部工程质量全部合格。

2) 质量事故已按要求进行处理。

3) 工程外观质量得分率达到70%及其以上。

4) 单位工程施工质量检验与评定资料基本齐全。

5) 工程施工期及试运行期，单位工程观测资料分析结果符合国家和行业技术标准以及合同约定的标准要求。

(2) 优良等级标准。

1) 所含分部工程质量全部合格，其中70%以上达到优良等级，主要分部工程质量全部优良，且施工中未发生过较大质量事故。

2) 质量事故已按要求进行处理。

3) 外观质量得分率达到85%以上。

4) 单位工程施工质量检验与评定资料基本齐全。

5) 工程施工期及试运行期，单位工程观测资料分析结果符合国家和行业技术标准以及合同约定的标准要求。

______工程

表 3　　单位工程施工质量检验与评定资料检查表（样表）

单位工程名称			施工单位	
			核查日期	年　月　日
项次		项　目	份数	核查情况
1	原材料	水泥出厂合格证、厂家试验报告		
2		钢材出厂合格证、厂家试验报告		
3		外加剂出厂合格证及有关技术性能指标		
4		粉煤灰出厂合格证及技术性能指标		
5		防水材料出厂合格证、厂家试验报告		
6		止水带出厂合格证及技术性能试验报告		
7		土工布出厂合格证及技术性能试验报告		
8		装饰材料出厂合格证及有关技术性能试验报告		
9		水泥复验报告及统计资料		
10		钢材复验报告及统计资料		
11		其他原材料出厂合格证及技术性能试验资料		
12	中间产品	砂、石骨料试验资料		
13		石料试验资料		
14		混凝土拌和物检查资料		
15		混凝土试件统计资料		
16		砂浆拌和物及试件统计资料		
17		混凝土预制件（块）检验资料		
18	金属结构及启闭机	拦污栅出厂合格证及有关技术文件		
19		闸门出厂合格证及有关技术文件		
20		启闭机出厂合格证及有关技术文件		
21		压力钢管生产许可证及有关技术文件		
22		闸门、拦污栅安装测量记录		
23		压力钢管安装测量记录		
24		启闭机安装测量记录		
25		焊接记录及探伤报告		
26		焊工资质证明材料（复印件）		
27		运行试验记录		

续表

项次	项　　目		份数	核查情况
28	机电设备	产品出厂合格证、厂家提交的安装说明书及有关文件		
29		重大设备质量缺陷处理资料		
30		水轮发电机组安装测试记录		
31		升压变电设备安装测试记录		
32		电气设备安装测试记录		
33		焊缝探伤报告及焊工资质证明		
34		机组调试及试验记录		
35		水力机械辅助设备试验记录		
36		发电电气设备试验记录		
37		升压变电电气设备检测试验报告		
38		管道试验记录		
39		72h 试运行记录		
40	重要隐蔽工程施工记录	灌浆记录、图表		
41		造孔灌注桩施工记录、图表		
42		振冲桩振冲记录		
43		基础排水工程施工记录		
44		地下防渗墙施工记录		
45		主要建筑物地基开挖处理记录		
46		其他重要施工记录		
47	综合资料	质量事故调查及处理报告、重大缺陷处理检查记录		
48		工程施工期及试运行期观测资料		
49		工序、单元工程质量评定表		
50		分部工程单位工程质量评定表		

施工单位自查意见	监理单位复查结论
自查： 填表人： 质检部门负责人： （盖公章） 年　月　日	复查： 监理工程师： 监理单位： （盖公章） 年　月　日

表3 单位工程施工质量检验与评定资料检查表

填 表 说 明

填表时必须遵守"填表基本要求"，并符合下列要求。

1. 本表是单位工程施工质量检验资料核查时使用。

2. 本表由施工单位内业技术人员负责逐项填写，并签名。施工单位质检部门负责人签字加盖公章，再交该单位工程监理工程师复查，填写复查意见、签名，加盖监理单位公章。

3. 核查情况栏内，主要应记录核查中发现的问题，并对资料齐备情况进行描述。

4. 核查应按照"堤防工程施工规范、水利水电行业施工规范"，《新标准》和《水利水电工程施工质量检验与评定规程》(SL 176) 要求逐项进行。

5. 核查意见填写尺度。

齐全：指单位工程能按第4点所述要求，具有数量和内容完整的技术资料。

基本齐全：指单位工程的质量检验资料的类别或数量不够完善，但已有资料仍能反映其结构安全和使用功能符合设计要求者。

对达不到"基本齐全"要求的单位工程，尚不具备评定单位工程质量等级的条件。

______工程

表 4　　分部工程施工质量评定表（样表）

<table>
<tr><td colspan="2">单位工程名称</td><td colspan="2"></td><td>施工单位</td><td colspan="2"></td></tr>
<tr><td colspan="2">分部工程名称</td><td colspan="2"></td><td>施工日期</td><td colspan="2">年 月 日— 年 月 日</td></tr>
<tr><td colspan="2">分部工程量</td><td colspan="2"></td><td>评定日期</td><td colspan="2">年 月 日</td></tr>
<tr><td>项次</td><td>单元工程种类</td><td>工程量</td><td>单元工程个数</td><td>合格个数</td><td>其中优良个数</td><td>备注</td></tr>
<tr><td>1</td><td></td><td></td><td></td><td></td><td></td><td></td></tr>
<tr><td>2</td><td></td><td></td><td></td><td></td><td></td><td></td></tr>
<tr><td>3</td><td></td><td></td><td></td><td></td><td></td><td></td></tr>
<tr><td>4</td><td></td><td></td><td></td><td></td><td></td><td></td></tr>
<tr><td>5</td><td></td><td></td><td></td><td></td><td></td><td></td></tr>
<tr><td>6</td><td></td><td></td><td></td><td></td><td></td><td></td></tr>
<tr><td colspan="2">合　计</td><td></td><td></td><td></td><td></td><td></td></tr>
<tr><td colspan="2">重要隐蔽单元工程、
关键部位单元工程</td><td></td><td></td><td></td><td></td><td></td></tr>
<tr><td colspan="2">施工单位自评意见</td><td colspan="3">监理单位复核意见</td><td colspan="2">项目法人认定意见</td></tr>
<tr><td colspan="2">本分部工程的单元工程质量全部合格，优良率为____%，重要隐蔽单元工程及关键部位单元工程____个，优良率为____%。原材料质量____，中间产品质量____，金属结构及启闭机制造质量____，机电产品质量____。质量事故及质量缺陷处理情况：

分部工程质量等级：

评定人：

项目技术负责人：　（盖公章）

年 月 日</td><td colspan="3">复核意见：

分部工程质量等级：

监理工程师：

年 月 日
总监或副总监：

（盖公章）

年 月 日</td><td colspan="2">认定意见：

分部工程质量等级：

现场代表：

年 月 日
技术负责人：

（盖公章）

年 月 日</td></tr>
<tr><td colspan="2">工程质量监督机构</td><td colspan="5">核定（备）意见：
核定等级：　核定（备）人：　（签字）　负责人：　（签字）
年 月 日— 年 月 日</td></tr>
<tr><td colspan="7">注：分部工程验收的质量结论，由项目法人报工程质量监督机构核备。大型枢纽工程主要建筑物的分部工程验收的质量结论，由项目法人报工程质量监督机构核定。</td></tr>
</table>

表4　分部工程施工质量评定表

填　表　说　明

填表时必须遵守“填表基本要求”，并符合下列要求。

1. 本表是分部工程质量评定表的统一格式。

2. 分部工程量，只填写本分部工程的主要工程量。

3. 单元工程类别按《新标准》的单元工程类型填写。

4. 单元工程个数：指一般单元工程、主要单元工程、重要隐蔽工程及关键部位的单元工程之和。

5. 合格个数：指单元工程质量达到合格及以上质量等级的个数。

6. 主要单元工程、重要隐蔽工程、工程关键部位：指工程项目划分中所确定的主要单元工程、重要隐蔽工程、工程关键部位。其中主要单元工程用“△”符号、重要隐蔽工程用“*”符号、工程关键部位用“#”符号表示。

7. 本表自表头到施工单位自评意见均由施工单位质检部门填写，并自评质量等级。评定人签字后，由项目经理或经理代表签字并加盖公章。

8. 监理单位审核意见栏，由负责该分部工程质量控制的监理工程师填写，签字后交总监或总监代表核定、签字并加盖公章。

9. 质量监督机构核备栏，本工程的分部工程施工质量，在施工单位自评、监理单位核定后，报质量监督机构核备。

10. 分部工程施工质量评定时，工程的原材料（主要指水泥、钢材、土工布等）、中间产品（主要指砂、石骨料，混凝土、砂浆拌合物等）、金属结构（主要指闸门、启闭机、拦污栅等）以及机电设备（主要指升压变电电气设备等）的质量，由施工单位自查，监理单位进行核查。并作为分部工程质量评定的依据。

11. 分部工程质量标准。

（1）合格等级标准。

1）所含单元工程的质量全部合格，质量事故及质量缺陷已按要求处理，并经检验合格。

2）原材料、中间产品及混凝土（砂浆）试件质量全部合格，金属结构及启闭机制造质量合格，机电产品质量合格。

（2）优良等级标准。

1）所含单元工程质量全部合格，其中70％以上达到优良等级，重要隐蔽单元工程和关键部位单元工程质量优良率达到90％以上，且未发生过质量事故。

2）中间产品质量全部合格，混凝土（砂浆）试件质量达到优良等级（当试件组数小于30组时，试件质量合格），原材料质量、金属结构及启闭机制造质量合格，机电产品质量合格。

______工程

表5　重要隐蔽（关键部位）单元工程质量等级签证表（样表）

单位工程名称		单元工程量	
分部工程名称		施工单位	
单元工程名称、部位		自评日期	年　月　日
施工单位自评意见	1. 自评意见： 2. 自评质量等级： 终检人员：　　（签字）		
监理单位抽查意见	抽查意见： 监理工程师：　　（签字）		
联合小组核定意见	1. 核定意见： 2. 质量等级： 年　月　日		
保留意见			
备查资料清单	1. 地质编录；□ 2. 测量成果（包括平面图、纵横断面图）；□ 3. 检验试验报告（岩芯试验、软基承载力试验、结构强度等）；□ 4. 影像资料；□ 5. 其他（　　　　）□		

联合小组成员		单位名称	职务、职称	签字
	项目法人			
	监理单位			
	设计单位			
	施工单位			
	运行管理			

注：重要隐蔽单元工程验收时，设计单位应同时派地质工程师参加。备查资料清单中凡涉及的项目应在“□”内打“√”，如有其他资料应在括号内注明资料的名称。

______________工程

表5　重要隐蔽（关键部位）单元工程质量等级签证表

填　表　说　明

填表时必须遵守“填表基本要求”，并符合下列要求。

1. 重要隐蔽（关键部位）单元工程应在项目划分时明确。

2. 重要隐蔽单元工程系指主要建筑物的地基开挖、地下洞室开挖、地基防渗、加固处理和排水等隐蔽工程中，对工程安全或使用功能有严重影响的单元工程。关键部位单元工程系指对工程安全、或效益、或使用功能有显著影响的单元工程。

3. 重要隐蔽单元工程及关键部位单元工程质量经施工单位自评合格，监理单位抽验后，由项目法人（或委托监理）、监理、设计、施工、工程运行管理（施工阶段已经有时）等单位组成联合小组，共同检查核定其质量等级并填写签证表，报质量监督机构核备。

4. 地质编录系指在地质勘查、勘探中，利用文字、图件、影像、表格等形式对各种工程的地质现象进行编绘、记录的过程。包括建基面地质剖面的岩性及厚度、风化程度、不良地质情况等，由设计部门形成书面意见，测绘人员和复核人员签字。

5. 测量成果是指平面图、纵横断面图，包括测量原始手簿、测量计算成果等。

6. 检验试验报告包括地基岩芯试验报告、岩石完整性超声波检测报告、地基承载力试验报告、结构强度试验报告等，检验报告中须注明取样的平面位置和高程。

7. 影像资料包括照片、图像、影像光盘等。

8. 其他资料包括施工单位原材料检测资料等。

9. 质量验收评定标准应视具体单元工程类别确定。